ヒッグス粒子と素粒子の世界

宇宙をつくる究極の粒子を求めて

本書はヒッグス粒子を発見した史上最大の科学実験を、現場からの多数の写真と解説によって描き出す。さらに"神の粒子"をも含めて過去1世紀以上にわたり究極物質と宇宙の根源の解明を追い求めてきた素粒子物理の世界を、約200点の写真・図版を用いてドキュメンタリー的に解説する。

矢沢サイエンスオフィス◉著

知りたい！サイエンス

iLLUSTRATED 001

最新図解

技術評論社

はじめに

2012年のノーベル物理学賞はピーター・ヒッグスに贈られると予想した人が少なくなかったのではないでしょうか。というのも、その年の7月4日にスイスのジュネーブから発信された“ヒッグス粒子発見”のニュースが、世界の多くの人々にそう思わせるだけの衝撃性をもっていたからです。

しかしそうはなりませんでした。物理学賞は別の、一般社会にはヒッグス粒子以上になじみのない研究業績を残した物理学者たちに贈られたのです。なぜでしょうか？

本書は、多数の写真やイラストを用いて、ヒッグス粒子とは何であり、その背後にある広大無辺の素粒子の世界、われわれと全宇宙をつくっている物質の根源的な世界を気軽に歩き回ろうとしています。

「素粒子物理」と聞くと、多くの人はむずかしげな科学の話だと思いがちです。たしかにそうとも言えますが、逆に何やら面白そうな話だからちょっとのぞいてみようかと感じることもあるのではないでしょうか。

面白そうな理由は、まずわれわれ自身や身の回りのすべての事物、すべての生物をつくっている物質が素粒子でできているからです。そればかりか太陽も惑星も月も、天空のすべての星々や銀河も、素粒子のみによってつくられています。他には何もありません。

そしてこの素粒子を研究する科学が素粒子物理であり、それを研究する人々が素粒子物理学者です。彼らはこの宇宙、この世界をつくっている究極の物質を探求し続けるもっとも純粋な学問の学徒なのです。

その研究の中で、長年謎に包まれていた素粒子のひとつがヒッグス粒子でした。この粒子の存在が予言されるようになった直接のきっかけは、日本人物理学者（その後アメリカ国籍）で2008年にノーベル物理学賞を受賞した南部陽一郎の1960年代の研究でした。そして、ピーター・ヒッグスほか数人の若き物理学者たちが、南部陽一郎の研究に刺激されてヒッグス粒子の存在を確信したのです。

それから半世紀近くが経ち、ついにその謎の粒子がとほうもないスケールの実験によって発見されたと報道されました。しかし実際には、本当に発見されたのかどうか、これを書いている時点（2013年２月）でははっきりしません。証拠の確実性は研究者たちの基準で“５シグマ”と非常に高いものの、慎重な物理学者たちにとってはこれでは不十分なのです。

おそらくそのことが影響して、いまや高齢となったピーター・ヒッグスはノーベル物理学賞を手にすることができなかったと思われるのです（2013年に受賞する可能性はあります）。

そこで本書では、ヒッグス粒子発見報道から始めて、ヒッグス粒子とはそもそも何なのか、歴史的に多くのすぐれた日本人物理学者を輩出してきた素粒子物理とはどのような世界なのかを、一般社会の人々の視点で見ていこうと思います。そのための手法として、ひとつのトピックを２～４ページに短くまとめ、全体を通して見たときに素粒子の小さくも壮大な世界が印象づけられるようにと考えたのです。

本書は筆者と新海裕美子との共著です。筆者はおもにヒッグス粒子発見報道、スイスのセルンにおける加速器実験、素粒子物理と宇宙論の抱える問題などを受け持ち、新海は素粒子物理の歴史や基礎的理解の章を担当しています。彼女はまた、たいていは大雑把になりがちな筆者の記述の弱点を補うため、用語の定義や数値をチェックする役割を引き受けてくれました。彼女に感謝すると同時に、本書に誤解や誤謬や偏見が含まれているとしたらその責めはすべて筆者にあることを記しておきます。

そして、本書の遅々たる作業に対してつねに寛容さを示してくれた技術評論社の西村俊滋編集長に感謝します。本書がこれまでヒッグス粒子や素粒子の世界をあまり覗いたことのない読者にも気軽な読み物として受け入れられるなら、それ以上の喜びはありません。

2013年２月　　矢沢　潔

ヒッグス粒子と素粒子の世界
宇宙をつくる究極の粒子を求めて

Contents

表紙写真：CERN／Fermilab

パート4
究極の物質と真の素粒子を求めて

Contents

Contents

パート1 巻頭スペシャル

How Was Higgs Boson−like Particle Found ?

ついに姿を現した幻のヒッグス粒子

ヒッグス粒子“らしき粒子”の発見報道から出発して、素粒子の世界に一歩を踏み入れる。

写真・イラスト：CERN ／ C.Marcelloni ／ATLAS, Collaboration／T.McCauley, L.Taylor／Philippe Mouche／Laurent Guiraud／細江道義

ついに姿を現した幻のヒッグス粒子

長い間“未知の粒子”であったヒッグス粒子の発見――それは21世紀の物理学と現代人の知性に何をもたらすのか？

⬆2012年7月4日、ジュネーブ近郊のセルンでヒッグス粒子実験の結果報告が行われた。会場には前夜から待機していた報道関係者などがつめかけた。壇上の左から3人目がセルンのロルフ-ディーター・ホイヤー所長。

“5シグマ”が意味するもの

2012年7月4日、歴史上もっとも長きにわたりもっとも高価な実験を続けてきた科学研究の成果がついに「得られたらしい」とする発表が行われた。

場所は、スイスのジュネーブ郊外にあるセルン（CERN=ヨーロッパ原子核共同研究機構の略）。その成果とは、ときに“神の粒子”とも呼ばれてきたヒッグス粒子の発見についてである。

この発表を伝えるニュースは

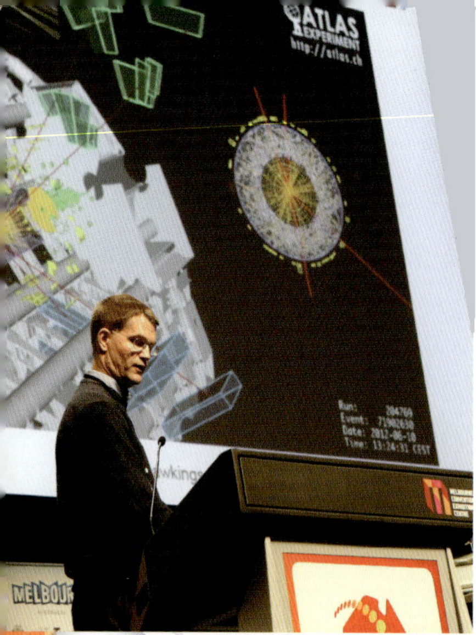

⬆アトラスとCMSの両チームの研究者がそれぞれ実験結果についてくわしく説明した。

またたくまに地球上全域に広がった。世界５大陸はいうまでもなく、人間の住まない南極大陸に点在する各国の観測基地にも届き、文字通り世界のトップニュースとなった。

しかし、セルンのニュース会見場を埋めた人々の前で発表を行った科学者たちの表現は何やら明瞭さに欠けていた。ヒッグス粒子発見とは言わず、「ヒッグス粒子らしき新粒子を観測した」というものだったからだ。

セルン所長のドイツ人物理学者ロルフ-ディーター・ホイヤー博士の口ぶりとなると、“I think we have it（見つけたと思う）”と明らかに確信をともなわないものだった。

とはいえ科学者たちは、彼らが観測した新しい粒子がヒッグス粒子であるたしかさは“５シグマ”、すなわち99パーセントよりはるかに高いとつけ加えもした。100パーセントの確信はないものの、ほぼ間違いないというのである。

発表会場には、いまから40年前の1960年代にこの粒子についての理論を発展させた４人の科学者たちも出席していた。その中にヒッグス粒子の提唱者であるイギリス人物理学者ピーター・ヒッグスもいた。自らの名前に因むヒッグス粒子について

用語解説 **５シグマ**：シグマは統計値のばらつきを示す単位（標準偏差。単位記号σ）で、ばらつきがなければ０シグマ。本文に出てくる“５シグマ”は、ヒッグス粒子らしき信号が統計的偶然として現れる確率が100万分の１以下であることを意味する。

➡右ページ上／イギリスから招かれて発表会場に急ぐヒッグス教授。下／会場の最前列奥にヒッグス教授のほかベテランの物理学者たちが報告に聞き入っている。

の重大発表を聞いて、このとき83歳になるヒッグス博士は涙を拭っていた。

ヒッグス粒子の見分け方

では、九分九厘ヒッグス粒子と見られたこの新粒子は、どのようにして出現したのか？　それは、加速器の中を逆方向に亜光速で走る２本の陽子ビーム——“バンチ”と呼ばれる陽子の集団からなる——が正面衝突した瞬間に飛び出したのである。

この世界最大の粒子加速器LHC（Large Hadron Collider：大型ハドロン衝突型加速器の略称）の２本の加速チューブは、内部が宇宙空間に等しいほどのほぼ完全な真空状態に保たれている。

加速器は周囲を9300基の超伝導磁石（大きな磁石は１基の長さが15メートル）で取り囲まれている。これらの磁石は、超伝導状態を保つために総量１万トン以上の液体窒素により、マイナス271.3℃という極低温に冷却されている。これは絶対０度（マイナス273℃。０Ｋ）にきわめて近く、宇宙でもっとも冷たい場所となっている。

おもに日本企業が製造した超伝導磁石は、プラスの電気を帯びた陽子の集団である陽子ビームを磁場によって非常に細く絞り込み、同時にそれらが真空の加速チューブ内を壁にぶつからずに正確に進むよう進行方向を精密にコントロールする。

そして、このきわめて特殊な条件下にある２本の真空チューブの内部を陽子ビームが強大な電場と磁場によって加速されると、それらは最終的に光速の99.9999991パーセント、すなわち秒速約30万キロメートルの亜光速に達する。光速に近いスピードまで加速された陽子の質量は、特殊相対性理論の予言（$E=mc^2$）にしたがって静止時のほぼ25倍になっている。

逆方向に走ってきた陽子と陽子はそれぞれ７兆電子ボルトのエネルギーをもっているため、それらが衝突するや否やミクロの火の玉と化し、計14兆電子ボルト（14TeV。最大）という巨大なエネルギーに変わる。

その火の玉は１秒の数十億分の１ほどしか続かないものの、内部は太陽の中心部の温度の10万倍という超高温となる。これ

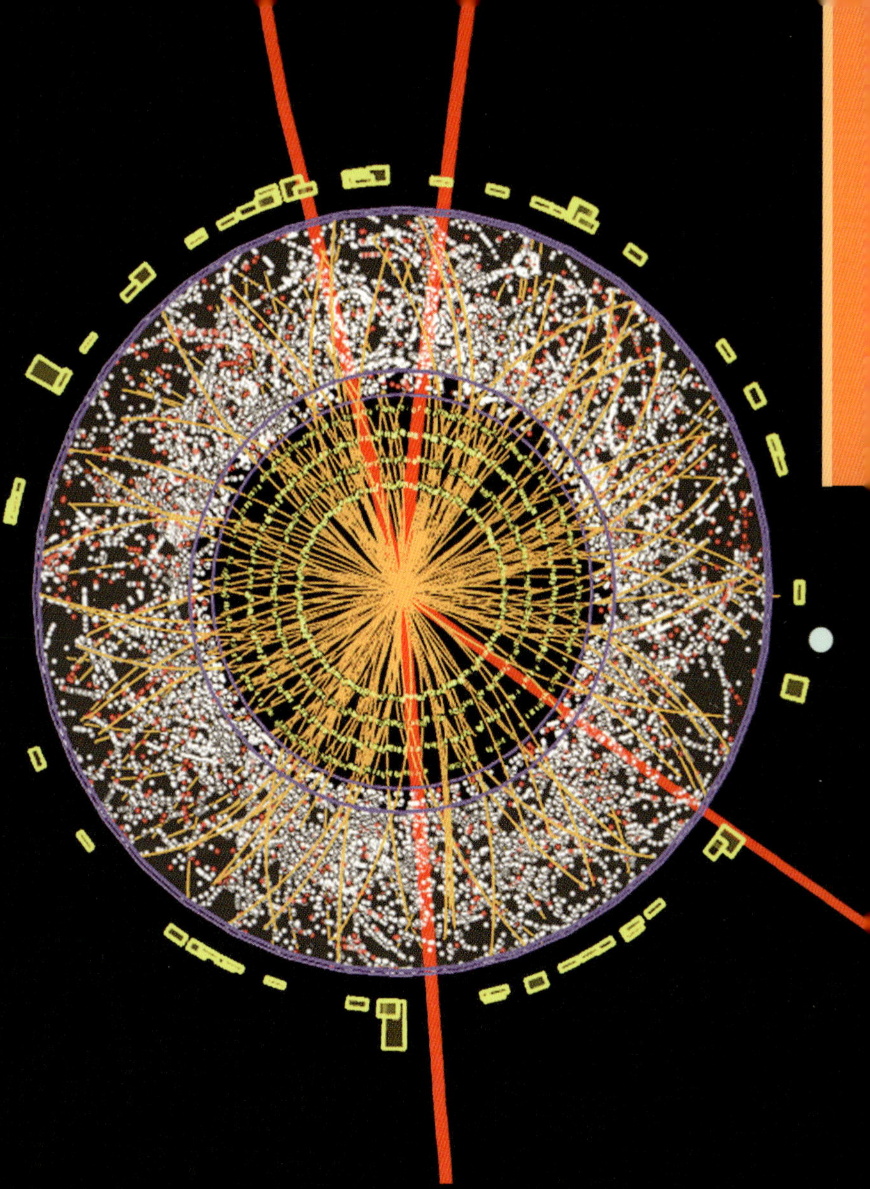

⬆検出器アトラスがとらえた陽子–陽子衝突イヴェント。複雑な反応の中にヒッグス粒子の崩壊から生じたと見られるミュー粒子（４本の赤線）が描き出されている。

画像／ ATLAS, Collaboration/CERN

は宇宙がビッグバンで誕生した直後の温度に匹敵する。

　いいかえれば、この加速器実験は、ビッグバン直後の宇宙とよく似た状態を人工的に生み出すためのものだ。

　巨大なエネルギーをもったまま衝突した陽子どうしは、花火のように飛び散りながらクォークやグルーオンに姿を変える。そしてグルーオンとグルーオンが衝突するとそこからヒッグス粒子が顔を出すかもしれない。さらにヒッグス粒子が崩壊して別の粒子が生まれたなら、その崩壊のしかたをさかのぼってヒッグス粒子が出現したと推測できるかもしれない。

図１ 陽子－陽子衝突

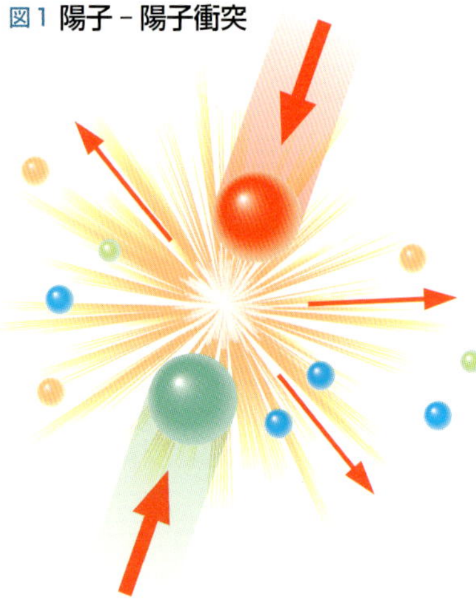

⬆陽子と陽子が正面衝突するとそれらはただちに崩壊し、２個～数個の質量の小さな粒子に姿を変える。　図／細江道義

　しかし実際にはこの予測は非常にむずかしい。ヒッグス粒子の正確な質量はわかっておらず、質量の違いによって崩壊後に現れる粒子が異なるからである。理論的な予測（標準モデルによる。後述）にも幅がある。つねにヒッグス粒子かもしれずヒッグス粒子に似た別の粒子かもしれないという可能性が残っている。

　ともあれこのときの一瞬の反応によってどんな粒子が姿を現すのかを観測するのが、リング状の加速器の４カ所に設置された巨大な検出器である。そのうちの「アトラス（ATLAS）」と呼ばれる検出器の観測計画には日本の大学の研究チームも参加している。

史上最大の実験装置LHC

　ＬＨＣは科学研究の歴史上もっとも大がかりでもっとも高価な実験装置である。ＬＨＣの完成には2010年時点で75億ユーロ（当時の円換算で約１兆円）を要した。当初の予算をはるかにオーバーしたが、原因はおもに

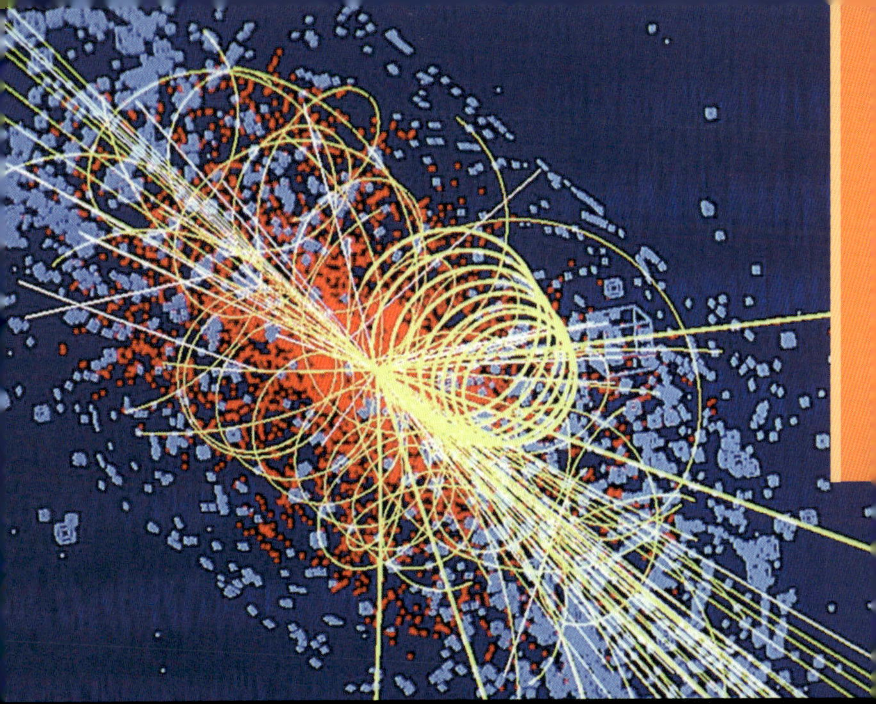

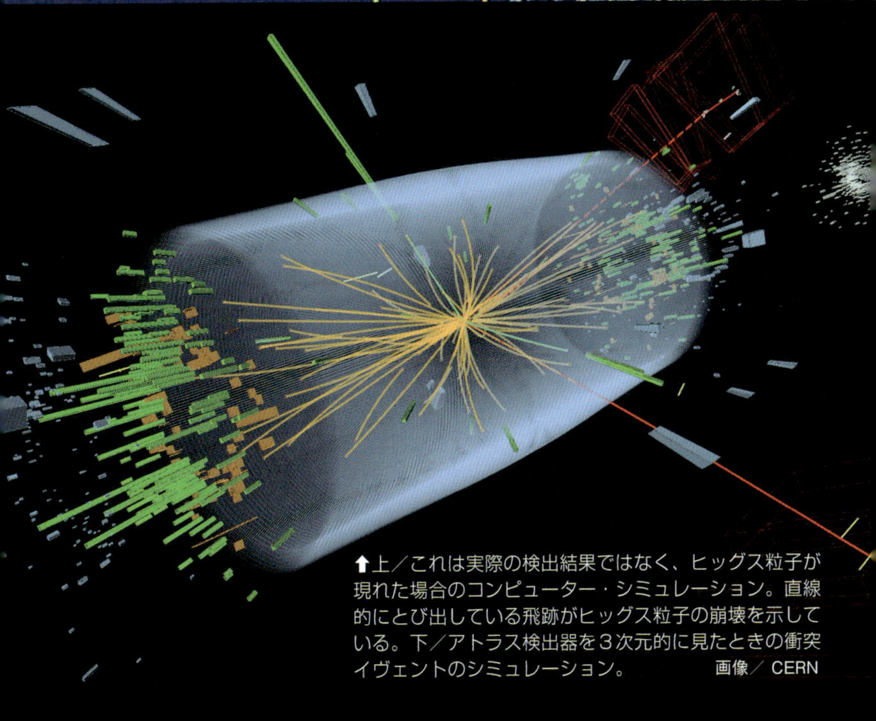

⬆上／これは実際の検出結果ではなく、ヒッグス粒子が現れた場合のコンピューター・シミュレーション。直線的にとび出している飛跡がヒッグス粒子の崩壊を示している。下／アトラス検出器を３次元的に見たときの衝突イヴェントのシミュレーション。 画像／ CERN

超伝導磁石のコスト増にあった。

全周が27キロメートルと東京の山手線に匹敵するこのリング状の陽子－陽子衝突型加速器は、大深度の地下鉄さながらにジュネーブ郊外の地下100メートル（実際には50～175メートルの範囲）の長大なトンネル内に建設されている。

リング状の加速チューブの途中にある４基の検出器のうち、今回の発見につながった実験で主要な役割を果たしたのがアトラス（ATLAS）とＣＭＳである。アトラスは全長46メートル、高さと幅がそれぞれ25メートルと６階建てのビルに匹敵し、総重量は7000トン。これはジャンボジェット機100機分、または東京タワーの約２倍に相当する。外側を取り巻く磁石だけでも1400トンである。ＣＭＳはさらに大きく、総重量は１万2500トンに達する。

ＬＨＣは、かつてこのトンネル内で建造され、2000年まで実験を続けたＬＥＰ（レップ＝Large Electron-Positron Collider：大型電子－陽電子衝突型加速器）の後継として、20世紀初頭に完成した。

ヨーロッパ各国が総力を上げて建造したこの加速器（このプロジェクトには日本やアメリカなども資金的、技術的に協力している）は、ハドロンすなわち陽子と陽子を衝突させ、その観測結果によって素粒子の標準モデルを実証しようとしている。最終的にＬＨＣは、運転期間が終了するまでの今後10年ほどの間に、標準モデルの先にある「大統一理論」および「超対称性理論」を検証するという壮大な長期目標をも抱えている。

column

素粒子実験と“ザ・グリッド”

ＬＨＣの実験からは膨大なデータが生み出される。その量は毎年、データをぎっしりと書き込んだＤＶＤにして100万枚分にも相当する。

ＬＨＣの世界最強のホストコンピューターは世界各国の研究者たちの何万台ものコンピューターにつながっており、それらは“ザ・グリッド”と呼ばれる史上最大のコンピューター・ネットワークを形成している。各国の研究者は、自国にいながらにしてＬＨＣの実験データの解析に参加することができる。

図2 LHCの検出器配置図

全長27キロメートルのリング状の加速器には、途中4カ所に検出装置がある。2012年7月4日に発表されたデータはおもにうちアトラスとCMSで得られたもの。アトラスはスイスに、他の3基はフランスに位置している。

CMS検出器
37カ国155研究機関の2000人以上の研究者が参加。

アリス検出器
28カ国94研究機関の1000人以上の研究者が参加。

LHCb検出器
13カ国48研究機関の650人の研究者が参加。

アトラス検出器
37カ国2200人の研究者が参加。

↑↓下／LHCはスイスのジュネーブ近郊の地下トンネルに設置されている。白線はその位置を示している。

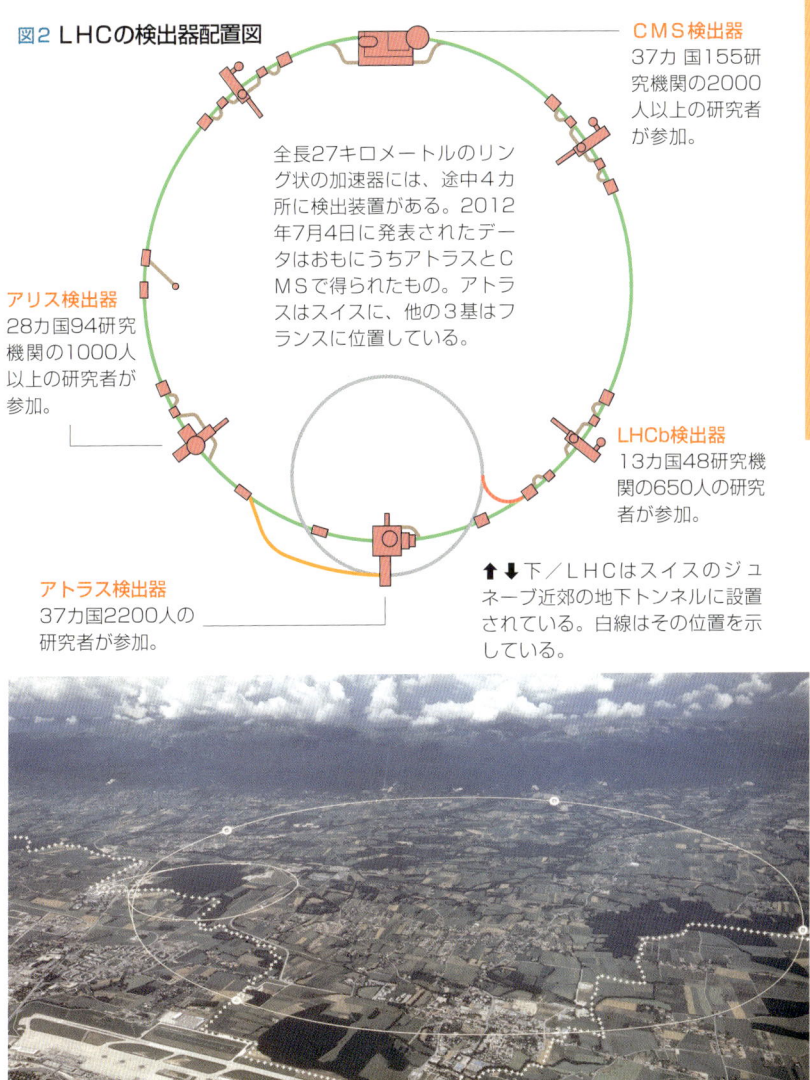

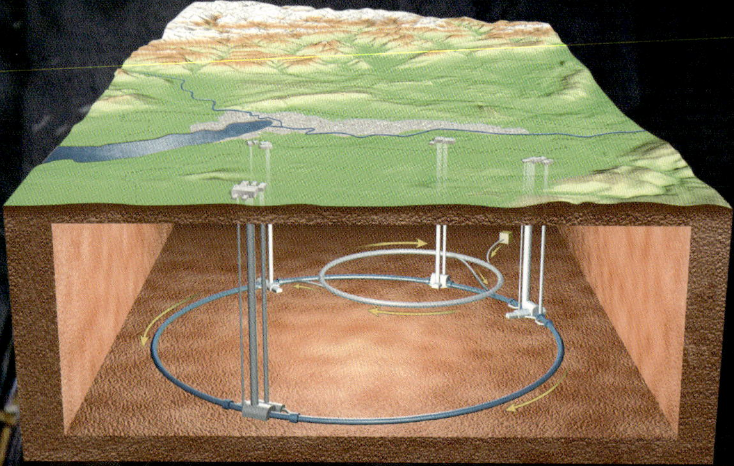

⬆ＬＨＣ加速器の配置を示す概念イラスト。 図／ Philippe Mouche, CERN

⬇掘削中のセルンの加速器用トンネル。地下100メートルの深さに全長27キロメートルにわたって掘られ、この中に当初は加速器ＬＥＰが、ついで2000年代に入ると現在の世界最大の加速器ＬＨＣが建造された。

写真／ Laurent Guiraud, CERN

くり返しヒッグスの候補出現

2012年に行われた実験で、検出器アトラスとＣＭＳの研究者チームは、繰り返しヒッグス粒子と思しき新粒子を観測したと発表していた。

ヒッグス粒子の質量がかなり重い場合には、それは一瞬現れた後すぐに崩壊して２個のＷ粒子に変わり、さらに10万分の２秒後に４個のレプトンに変わるといった崩壊事象（イヴェント）が観測されると予想されている。

しかしヒッグス粒子の質量が違えば崩壊のしかたも違ってくる。そのため研究者たちは、どこに焦点を合わせて観測すればよいのかわからない。

ターゲットにすべきは、これまでにＬＨＣやアメリカのフェルミ研究所の加速器テバトロンの実験によってヒッグス粒子存在の可能性が排除された質量以外の領域――115.5～131ギガ電子ボルト（GeV）――ということになる。

検出器は、こうした複雑かつ瞬間的な崩壊事象の中で飛び散りながら生まれるあらゆる素粒子の軌跡をすべてとらえ、記録しなくてはならない。

2012年７月４日、セルンの物理学者たちはヒッグス粒子らしき新粒子を観測したと発表はしたものの、この時点ではだれもヒッグス粒子発見と口にしてはいなかった。これまでに想定されていない別の新粒子である可能性も否定できないからだ。

もしこれがヒッグス粒子でないことがわかったなら、あるいはヒッグス粒子は存在しないことがわかったら……そのときは、素粒子物理学者たちは営々と築いてきた従来の理論をごみ箱に投げ込み、自然界と宇宙の起源の探究を振り出しからやり直すはめになるかもしれない。

もっとも物理学者の中には、実際にそうなるほうが今後の素粒子物理の研究がよりエキサイティングになる、と口にする人々もいるのだが。

用語解説 **電子ボルト（eV）**：素粒子の世界で用いられる質量（＝エネルギー）を表す単位。eVは電子ボルトまたはエレクトロンボルトともいい、１eVは１個の電子が１ボルトの電位差のある自由空間内で得るエネルギー。何十億電子ボルト、何兆電子ボルトといった巨大な数値がよく登場するが、人間の日常感覚から見るとごく小さなエネルギーである。

パート2 *Higgs Boson Q & A*

ヒッグス粒子Q&A

だれでもQ＆A方式でヒッグス粒子への秘密の扉を簡単にこじ開けられる。

写真・イラスト：CERN／Fermilab／DESY／NASA／Larry D.Moore／SLAC National Accelerator Laboratory／Patrice Loïez／Peter Rakosy／Laurent Guiraud／Patrice Loïez／Greg Stewart／細江道義／矢沢サイエンスオフィス

Q1 ヒッグス粒子とは何か？

A ヒッグス粒子は、「あらゆる物質には質量がある」という観測的な事実から導かれた理論上の、すなわち仮想的な粒子である。

その一般的な説明によれば、素粒子は宇宙に遍在する目に見えない“場（ヒッグス場）”と相互作用することによって質量をもつようになる。そして、ヒッグス場との相互作用が大きいほどその素粒子の質量は大きくなる。

この説明を聞いただけでだれでもヒッグス粒子を理解したといえるだろうか。わかったようなわからないような説明という感想が返ってきそうである。

粒子（particle）と聞くと、われわれは目に見えないミクロの点のような物質を想像したくなる。しかしこれは素粒子物理の世界の話なので、ここでいう粒子は通常の点状の物質ではない。ヒッグス粒子をひとことで言うと、それは“場が立てるさざ波”のようなものだ。

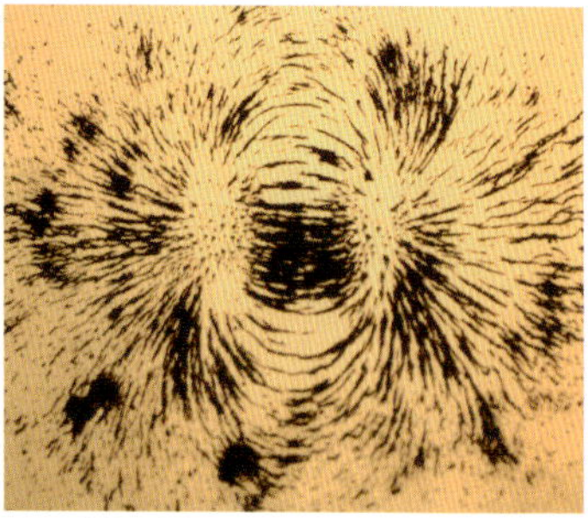

⬆電磁場が波立つとフォトンが生じる。同じように、ヒッグス場が波立てばヒッグス粒子が生まれる。

素粒子を研究している素粒子物理学者たちは、自然界を“場（field）”という概念で考えようとする。場は宇宙の時空のどこにも広がっており、エネルギーが高まると場がさざ波を立てる。そのさざ波を物理学者は粒子と呼んでいる。

このような場の例として、よく知られている電磁場がある。電磁場は空間のどこにも広がっており、ある場所の電磁場の強さは測定器で測ることができる。

用語解説 **場の量子論**：素粒子物理でいう素粒子とは「量子化された場」のことであり、こうした見方を場の量子論という。高エネルギーを扱うときの基礎理論で、特殊相対性理論と量子力学の両方を満たしている。

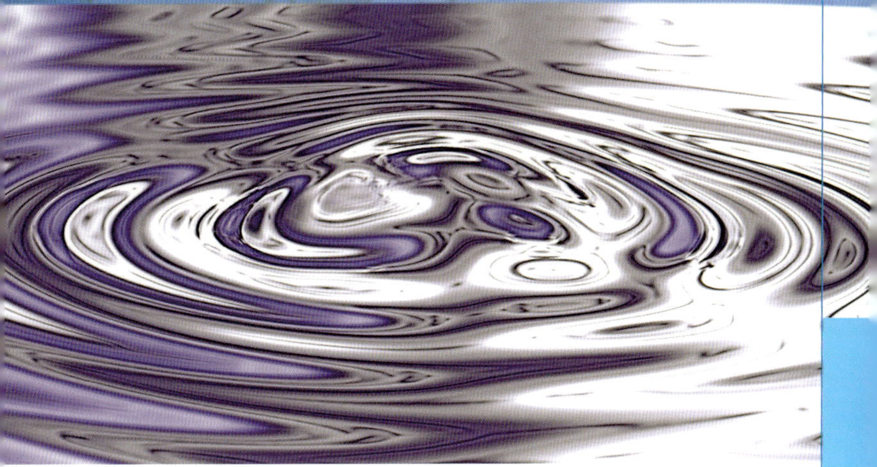

図1

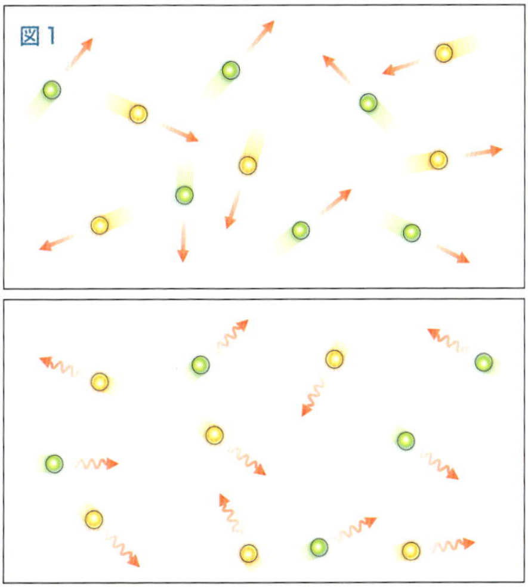

↑ヒッグス場は宇宙にあまねく広がる“場”(場の量子論の解釈)であり、この場が立てるさざ波がヒッグス粒子である——

←ヒッグス場が存在しなければどんな粒子も光速で飛び回る(上図)。しかしヒッグス場が存在するとそれは粒子の運動をさまたげ、その抵抗の大きさが粒子の質量として解釈される。

図2「自発的対称性の破れ」のイメージ

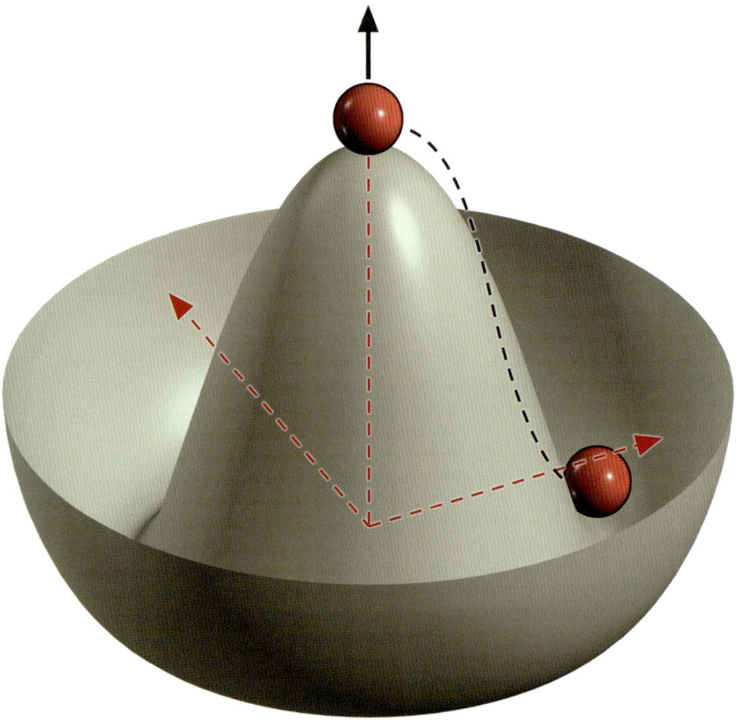

⬆ソンブレロに似たこの物理的な系は、垂直の軸について対称（回転対称）である。しかしボールが高い位置にあるので、そのエネルギーは最小ではない。このボールが小さなゆらぎによって低いところ落下する、すなわち自発的に基底エネルギー状態に移行すると、そのとき系全体の対称性は破られたことになる。　イラスト／細江道義

だれかが電磁場の強いところに行くと髪の毛が逆立ったりするが、それは電磁場が人体にも物理的影響を及ぼしているためである。そして電磁場が波立てば、それはフォトン（光子）という粒子となり、光や電波、X線などの電磁波として空間を光速で伝わる。

ちなみに人間や動物の眼はこのフォトンを網膜の細胞（視細胞）で吸収し、そこで電気信号に変えたうえで脳に送り、外界を映像として認識している。

ピーター・ヒッグスらは、いまみたような場と素粒子の関係

column

ヒッグス粒子がない宇宙？

もしヒッグス場がエネルギーをもたず、さざ波が立たない、すなわちヒッグス粒子が生まれないとしたら、この宇宙は、そしてわれわれの生活はどうなるのか？

そのときはすべての粒子には質量がないか、あってもきわめて小さいことになる。この状態では素粒子が集まって原子核や原子をつくることはできないので、いま見るような宇宙は決して誕生しないことになる。

そのような宇宙は、あらゆる素粒子が光速で飛び回るうす暗い霧に閉ざされたような状態から少しも進化することがない。そこでは物質が生まれないので、銀河も星々も誕生せず、もちろんいまの地球も人間もすべての生物も存在しない。われわれがここにいるのはヒッグス場とヒッグス機構、そしてヒッグス粒子のおかげである……

を拡大して「ヒッグス機構」というものを考え出した。ここで言う機構とはしくみあるいはメカニズムのことである。

それによれば、ビッグバンによって誕生した直後の宇宙ではすべての素粒子は質量をもたず、光速で自由に飛び回っていた。しかし宇宙が膨張して温度がある臨界点以下に下がったとき、それまで空間を満たしていたヒッグス場の“対称性（シンメトリー）”、つまりどこからみても完全に均一で不変な性質が失われた。「自発的対称性の破れ」と呼ばれる出来事である（図2参照）。

そしてこの出来事により、宇宙はそれまでの物理的な状態から別の物理的な状態へと一変した。物事の性質がこのように一変することを「相転移」と呼ぶ。

相転移後の宇宙では、ヒッグス場はエネルギーの変化によるさざ波を立てるようになった。このさざ波がすなわちヒッグス粒子であり、それは他の素粒子の運動を妨げる抵抗となった。ちょうどわれわれがプールの中で動こうとすると水の抵抗のために動きにくいように。

この抵抗のために素粒子が動きにくくなる性質がすなわち“質量”である——ヒッグス機構と呼ばれる理論はヒッグス粒子をこのように説明している。

Q2 なぜヒッグス粒子を探さねばならないのか？

⬆電弱統一理論を完成させたひとり、スティーブン・ワインバーグ。

A 自然界には4つの根源的な力（フォース、相互作用とも言う）が存在する。弱い力、電磁気力、強い力、それに重力である。

1960年代はじめ、アメリカの物理学者シェルドン・グラショウは、これらのうちの2つの力、すなわち弱い力と電磁気力は深く関係していることを発見し、それらはひとつの理論で統一的に説明できることを示した。

つまり、電気や磁気、光、それにある種の放射線はどれも電弱力（電弱相互作用）というただひとつの力が示す“裏と表の顔”であるとされたのだ。

その後スティーブン・ワインバーグ（右上写真）とアブダス・サラムが、この理論に前述のピーター・ヒッグスの理論、すなわち素粒子に質量を与えるヒッグス機構を合体させた。こうして新たに生まれた電弱統一理論が、現在の素粒子の「統一モデル（統一理論とも言う）」の骨格となった（ちなみに本書のテーマは基本的にこの統一モデルの上に立って進められる。統一モデルの歴史はパート5参照）。

そこではヒッグス場が、統一モデルで扱われるすべての素粒子に質量を与えるとされていた。すなわちクォークとレプトン（合

用語解説 **アブダス・サラム**：パキスタン人として、またイスラム教国出身者として初のノーベル物理学賞受賞。途中母国を去ったものの、理論物理学、パキスタンの科学政策や核開発などに最大級の貢献をした。1996年70歳で死去。

⬆素粒子に質量を与えるしくみが存在しなかったなら、現在の宇宙は誕生せず、星も惑星も人間も生まれなかった。
写真／NASA

わせてフェルミオンと呼ぶ)、それにW粒子とZ粒子である。

その後電弱統一理論の正しさが実験によって確かめられると、1979年に前記3人の物理学者はノーベル物理学賞を受賞し、世界は今回のヒッグス粒子発見か！というニュースをはるかに上回って興奮したのであった。

1981年にはW粒子とZ粒子も発見され、それぞれの質量は標準モデルの予言と一致していた。後は、これらの粒子に質量を与えるヒッグス粒子（ヒッグスボソン）をどうしても見つける必要があった。一部の高名な物理学者などがヒッグス粒子は見つからないだろうと予言していたにもかかわらず、この粒子らしきものがついに2012年に発見されたと報告された。

ではこれによって物理学者たちは、素粒子の世界を完全に理解できるようになったのだろうか。物語はピリオドを打つのだろうか？

そんなことはまったくない。標準モデルが完成しても強い力を統一する大統一理論にはほど遠く、ましてわれわれの最大の関心事である重力をも統一する究極の理論は、地平線のはるかかなたである。物理学はまだ入り口に立ったばかりのようなのだ。

Q3 ヒッグス粒子とヒッグスボソンはどう違うのか？

A よく「ヒッグス粒子はヒッグスボソンともいう」という解説を見る。ボソンとは何のことだろうか。

われわれの宇宙をつくっている空間がアインシュタインの相対性理論が予言するように3次元であり（時間軸を加えれば4次元）、その中で現在の素粒子物理――アインシュタインが好まなかった量子論的な解釈――が正しくはたらいているとすると、そこではすべての素粒子は「フェルミオン」か「ボソン」に分けられる。

素粒子についてのこのような見方はもともと数学的に導かれたにすぎない。しかしこの見方が登場してからすでに約1世紀経っているが、これを覆すような事象や事実は観察されていない。

フェルミオンとボソンは一言で言うと次のような関係にある。それは、「フェルミオンどうしはボソンを交換することによって相互作用する」というものだ。

より平易に次のように言うこともできる――質量をもつ物質はフェルミオンでできており、フェルミオンどうしが結合して花やテーブルや人間、それに惑星や恒星ができている。それらを結合しているのは4つの力、すなわち弱い力、電磁気力、強い力、それに重力である。

フェルミオンどうしの間ではこれらの力はボソンの交換によって伝えられる。電磁気力はフォトンによって、強い力はグルーオンによって、弱い力はW粒子とZ粒子（WボソンとZボソン）によってである。フェルミオンは単独で振る舞う傾向があり、ボソンは集合的に振る舞うところが両者の性質の違いである。

こうした分類の中で、フェル

用語解説 **フェルミオン**：エンリコ・フェルミの名からこのように命名したのは、フェルミ＝ディラック統計（フェルミオンの統計力学）で知られるポール・ディラックである。

図3 粒子の分類

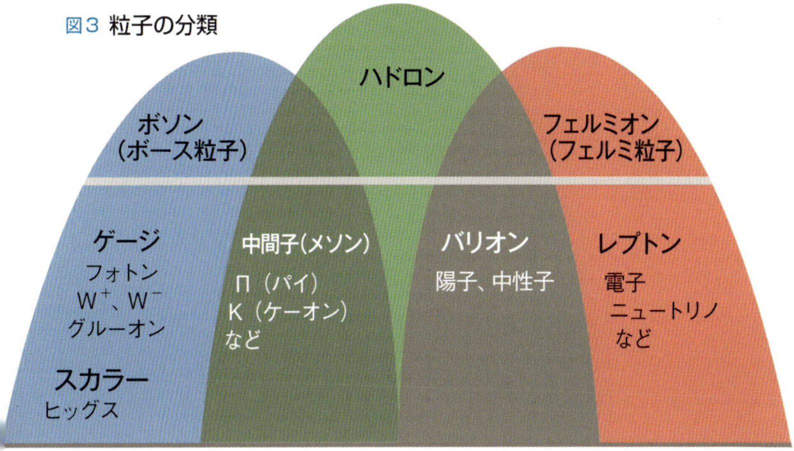

⬆標準モデルの粒子の分類。ボソンは力を媒介する素粒子、フェルミオンは物質をつくる素粒子、ハドロンは複合粒子。ハドロンのうち2個のクォークからなる中間子はボソンの、また3個のクォークからなるバリオンはフェルミオンの性質をもっている。

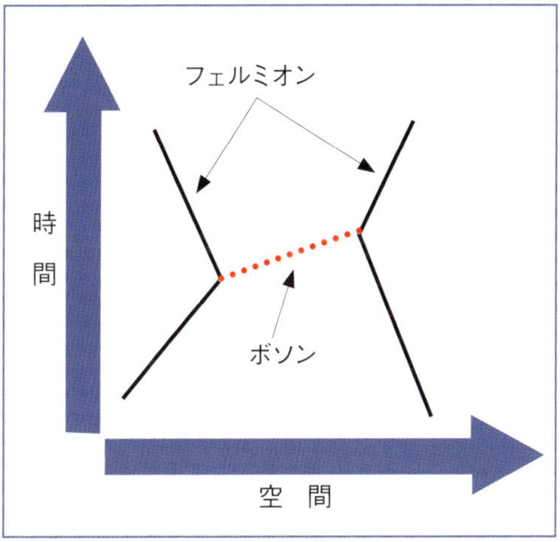

図4 ボソンの役割

⬅標準モデルでは、フェルミオンどうしの相互作用はボソンの媒介によって説明される。これを図に描くと、時空を運動するフェルミオン(左側の実線)からボソンが放出され(赤の点線)、隣のフェルミオン(右の実線)に別の時空で吸収される。こうして2個のフェルミオンは互いを“感じる”ことができる。ただしここでいうボソンは仮想粒子であり、実際の粒子ではない。

ミオンに質量を与えるとされるヒッグス粒子はボソンの性質をもつことから、ヒッグスボソンとも呼ばれているのである。

ちなみに、フェルミオンの名はイタリアの物理学者エンリコ・フェルミに、またボソンの名はインドの物理学者サティエンドラ・ボースにそれぞれ敬意を表して命名された。

Q4 なぜヒッグス粒子は容易に見つからないのか？

A　ヒッグス粒子は容易には見つからなかった。理論的に予言されたこの粒子が出現するとしたら、それはビッグバン直後と同じ１兆～100兆℃の超高温・超高圧の世界が実現したときである。現在の宇宙にはそのような条件を満たす場所はどこにも存在しない。

セルンの巨大な加速器ＬＨＣはその超高温・超高圧の世界を──ただしミクロの世界としてだが──一瞬だけ生み出す装置としてつくられた。

しかし理論の予言にしたがえば、この仮想的な粒子はきわめて不安定であり、姿を現したとたんに崩壊して他のすでに知られた粒子に変わってしまう。さらに、たとえこの既知の粒子が現れても、それはまたただちに崩壊して別の粒子に変わる。

だからＬＨＣの巨大な検出器といえども、現れたヒッグス粒子が崩壊し別の粒子になって飛び散ったとき、それらの飛跡の方向とエネルギーの大きさを観測できるだけである。

column

素粒子の崩壊とは？

ある素粒子がエネルギー的に不安定なとき、その素粒子は自発的に壊れて、質量のより小さい複数の別の素粒子と、力を媒介する粒子（ボソン）に変わる。この過程を崩壊という。

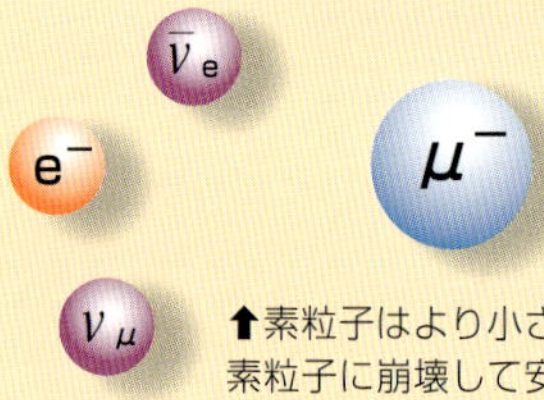

⬆素粒子はより小さな素粒子に崩壊して安定しようとする。

こうして生まれた新しい素粒子もまた不安定なら、それらはさらに崩壊してより安定な粒子に変わる。素粒子はこうして、最終的にフォトンとなって安定が得られるまで崩壊を続ける。

ただし、陽子や中性子などのハドロンが起こす放射性崩壊は、言葉は同じでも素粒子の崩壊とは別に扱われる現象である。

⬆ヒッグス粒子の誕生と崩壊のイメージ。左上で陽子どうしが衝突するとヒッグス粒子が生まれ、ただちに崩壊してより質量の小さい別の粒子２個に変わる。

画像／ Greg Stewart / SLAC National Accelerator Laboratory

図５ ヒッグス粒子の崩壊

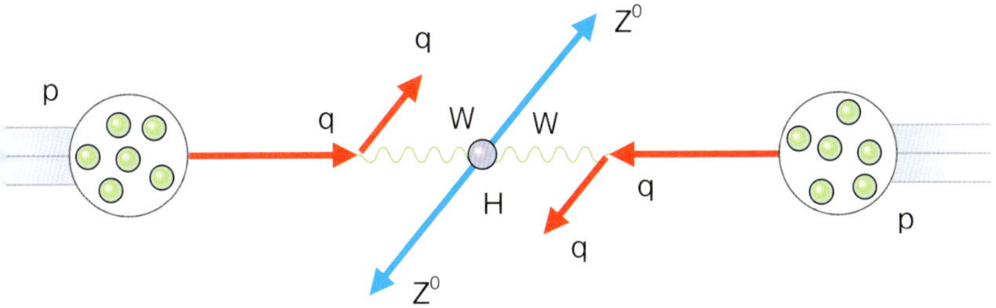

⬆上のイラストの別の表現。左右からやってきた２個の陽子（p）の衝突によって生じた２個のWボソン（W）がヒッグス粒子（H）を生み出し、それが２個のZ粒子（Z）に崩壊して斜め上下に飛び出す過程を示している。qはクォーク。

資料／ Quantum Diaries

Q5 ヒッグス粒子は崩壊して何になるのか？

A すでに見たように、ヒッグス場（ヒッグス粒子ではなく）はこれまでに知られているすべての素粒子に質量を与えるとされている。

ここでいうすべての素粒子とは、クォークと反クォーク、レプトン（電子やニュートリノなど）、W粒子とZ粒子のことである。グルーオンとフォトン、それに仮想的なグラビトン（重力子）は質量をもたず、ヒッグス場の影響は受けていないとされている。

ヒッグス機構と呼ばれるこのしくみの中では、ヒッグス粒子は出現すると同時に崩壊し、質量（＝エネルギー）の小さいより安定した2個の粒子に変わる。これは、「崩壊できる粒子は必ず崩壊して軽い粒子に変わる」という量子力学の予言からの推測であり、ヒッグス粒子もこの予

図6 推測されるヒッグス粒子の質量

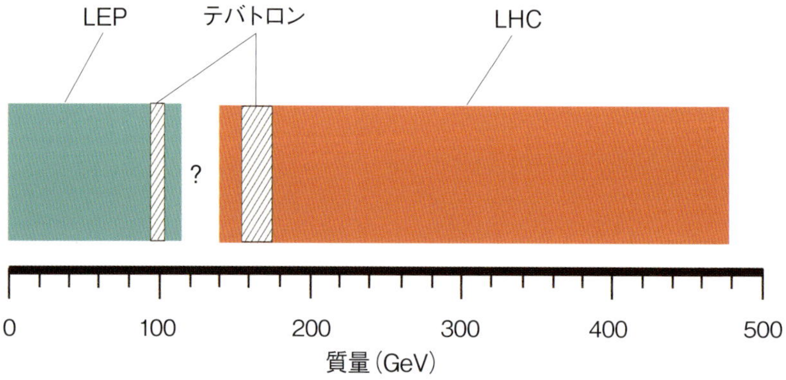

⬆これまでの加速器実験から、ヒッグス粒子の質量は125GeV前後の範囲に追いつめられた。左側はセルンのLEPとフェルミ研究所のテバトロンの実験によって排除された質量、右はLHCの実験によって排除された質量。これらにはさまれた125GeV前後に照準が合わされた。 資料／ G.Brumfiel, Nature, vol.479（2011）456

図7 素粒子(フェルミオン)の質量比べ

⬆ヒッグス粒子は崩壊できる粒子の中でもっとも質量の大きい粒子に崩壊する傾向がある。

言に従うはずだからである。

ヒッグス粒子は、おもに生まれたときの質量の大きさによって、崩壊後、さまざまな粒子にさまざまなプロセスで姿を変える。しかしいずれの場合も、その範囲でもっとも質量の大きな粒子に変わろうとする傾向がある。

たとえばヒッグス粒子の質量が理論上もっとも小さい場合（約120ギガ電子ボルト）は、大部分のヒッグス粒子はボトムクォークと反ボトムクォークのペアに変わる。残りの大半はW粒子のペアかタウ粒子のペア、あるいは２個のグルーオンへと崩壊し、ごくわずかなヒッグス粒子だけがチャームクォークのペアへと変わる。

しかし質量がこれより大きい場合には、崩壊のプロセスはこれとは異なってくる。

つまり１個のヒッグス粒子が崩壊してどんな粒子に変わるのか、そのプロセスは誰も正確に予測することができない。これは、量子力学ではある状況で何が起こるかは確率でしか示すことができないからだ。どこまでいってもファジーな世界なのである。

ただし、標準モデルが予測するヒッグス粒子がトップクォークとその反クォークに崩壊するというようなことは起こらない。それは、予想されるヒッグス粒子よりトップクォークのほうが質量がずっと大きく（173 GeV）、「軽いものから重いものは生まれない」からである。

またヒッグス粒子の崩壊から最終的にタウ粒子のペアが生じる場合、これを検出器でとらえることはきわめて困難である。タウ粒子の崩壊時に放出されるニュートリノは検出できないので、タウ粒子の運動量やエネルギーがわからないからである。

物理学者たちは結局、検出器がとらえた崩壊のしかたを入念に調べ、それがヒッグス粒子由来かどうか、どんなタイプのヒッグス粒子かなどを推測で導かなくてはならない。

用語解説 **ヒッグス粒子の質量**：ヒッグス粒子（ヒッグス場）が素粒子に質量を与えるとしたら、ヒッグス粒子自身の質量はどこから来るのか？ ヒッグス場は４つの自由度をもち、そのうち３つはWおよびＺ粒子と相互作用して質量を生み出す。そして残された最後の自由度（125GeV）が、物理学者がヒッグス粒子と呼んでいるものである。

図8 ヒッグス粒子の崩壊確率

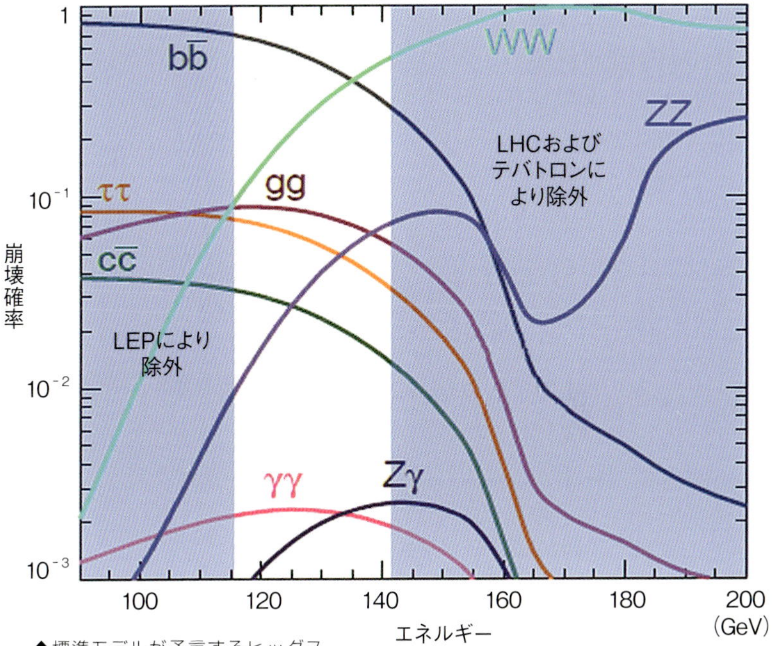

⬆標準モデルが予言するヒッグス粒子のさまざまな崩壊確率を示すグラフ。質量が125GeVの場合、確率60パーセントで$b\bar{b}$（ボトムクォークと反ボトムクォーク）に、同じく確率21パーセントでWW（W粒子のペア）に崩壊することを示している。出典／CERN

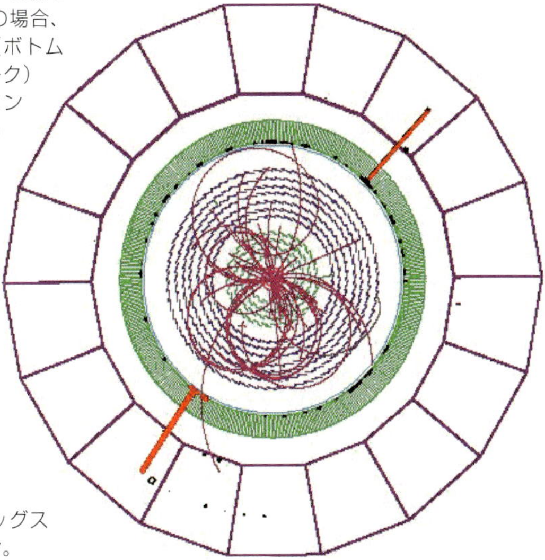

➡検出器CMSにおけるヒッグス粒子崩壊のシミュレーション。

そして、ヒッグス粒子の存在が確認された、あるいはヒッグス粒子が発見されたという発表を目にしたときも、それは白か黒かがはっきりしたというよりは、物理学者たちの間でそのような合意が得られたと理解すべきかもしれない。

ヒッグス粒子の崩壊から生まれる粒子

前ページのグラフは、ヒッグス粒子の崩壊がこの粒子の質量の違いによってどう変わるかを、標準モデルのコンピューターシミュレーションで示している。ただしこれは量子力学の世界の話なので、実際にそこで何が起こるかは誰にもわからない。崩壊の“確率”を示すことができるだけである。

グラフの横軸はヒッグス粒子の質量をエネルギーの単位で示し、100GeV（100ギガ電子ボル

ヒッグス粒子は“神の粒子”？

ヒッグス粒子発見に関するニュースは、しばしば「“神の粒子”発見」などというタイトルをつけて報じられた。いったい誰が神の粒子と言ったのか？

ヒッグス粒子発見は素粒子物理における大きな一里塚ではあっても、神の粒子という言葉がイメージさせる宗教的意味も全能性もなければ、まして科学研究とも関係がない。これは一般人の目や耳をひきつけるためのキャッチフレーズとして誰かが口にし、それをメディアが拝借しただけである。

きっかけは、アメリカのフェルミ国立加速器研究所の現名誉所長で1988年にノーベル賞を受賞した高名なレオン・レダーマンである。彼は素粒子物理の実験研究において非常に重要な業績（ミューニュートリノ発見など）を残しただけでなく、一般社会にむけて卓抜なユーモアを交えて素粒子物理を説明することで知られている。

レダーマンが1993年に一般読者むけに出した著書には「The God Particle」（邦訳『神がつくった究極の素粒子）』というタイトルがつけられていた。この本は、ディック・テレシというライター兼雑誌編集者との共著で書かれたものだが、物理学者の中にはこのタイトルはばかげているなどと批判するものもいた。

しかしレダーマン自身のエクスキ

ト）から200GeVまで刻まれている。縦軸は、その質量のヒッグス粒子が崩壊するときに生まれるはずのさまざまな粒子の発生の確率（分岐率）である。グラフの上に行くほどその粒子が生まれる確率が高くなる。

　たとえばヒッグス粒子の質量が120GeVとすると、ボトムクォークと反ボトムクォークに崩壊する値は0.7（確率70パーセント）となる。他方、質量が150GeVのヒッグス粒子が崩壊すると、確率はほぼ同じ70パーセントでWプラス粒子とWマイナス粒子に変わることを示している（現在では150GeVのヒッグス粒子の存在は排除されている）。

　その他の質量を仮定した場合も、崩壊のしかたがそれぞれ一様ではないことがわかる。これは、加速器による衝突実験でヒッグス粒子を確認することが大変むずかしいことを示している。●

Column

ューズによれば、これは彼が主張したタイトルではなかった。彼はヒッグス粒子はゴッドならぬ“ゴッダムパーティクル”だと言いたかった。とうてい見つかりそうもないいまいましい粒子といったところである。

　しかし出版社側がそれでは印象が薄くて売れない、ゴッドパーティクルでいきたいと主張して譲らず、結局レダーマンがそれを呑んだという。ただの宣伝文句だったということのようである。

　あるベテランの物理学者は、これは宗教にとっても科学にとっても不適切であるだけではなく、この書物に対しても冒涜的であり、だれも使用しないようにすべきだとまで主張している。

⬆レオン・レダーマン。写真／Fermilab

　内容のすぐれた本は100冊しか売れなくても価値があると考える人もいる。他方で、売れ残った本はたとえ内容がよくても廃棄物となり、トイレットペーパーや段ボール箱にリサイクルされるというのも避けがたい現実である。

Q6 ヒッグス粒子発見にはどんな証拠が必要か?

A 衝突直前の陽子ビームの直径は毛髪の半分ほどに絞られている。検出器はこれほど小さな範囲で起こる陽子衝突から飛び出すあらゆる“破片”を追跡してとらえなくてはならない。

それもただとらえればよいのではない。衝突は500億分の1秒に1回ほどの割合で起こる。ということは、衝突を少なくとも50ナノ秒（5億分の1秒）毎に観測して、その中に期待の粒子が存在したかどうかを見分けることが不可欠になる。

これはとんでもなく難しい仕事だ。というのも、バックグラウンドと呼ばれる無数の背景ノイズの中からそのひとつを拾い出さねばならないからだ。

候補になりそうなシグナルはコンピューターに保存され、あとでくわしく調べられる。ヒッグス粒子は出現と同時に崩壊して別の粒子に変わるので、それらを標準モデルが予言する5種類の崩壊経路（チャンネル）に照らし合わせて、崩壊前の粒子がヒッグス粒子かどうかを確認する。

1つか2つのチャンネルと合致していてもだめである。5つのチャンネルが予想された確率で出現しなくてはならない。

もし5つのチャンネルがそれぞれ異なる確率で出現したなら、そのとき実験物理学者たちは「標準理論のヒッグスを見つけた！」と言いたくなるかもしれない。

だがそのデータを見せられた理論物理学者が同意するかどうかはわからない。彼らはそこに別の粒子の存在を思い描くかもしれない。あるいは標準モデルを捨てさせる別の理論が頭に浮かぶかもしれない。

標準モデルの予言する粒子がたしかに発見されたのかどうか、その結論を出すのはどんな物理学者にとっても容易ではないようなのである。

図9

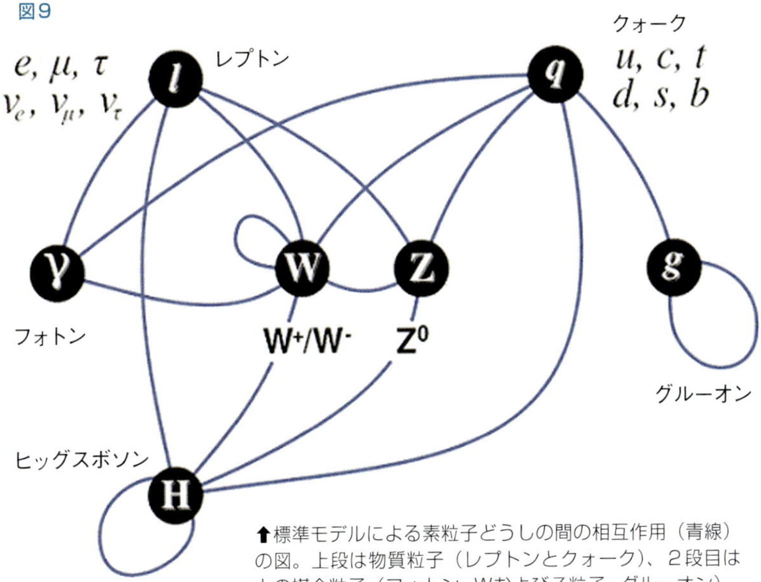

⬆標準モデルによる素粒子どうしの間の相互作用（青線）の図。上段は物質粒子（レプトンとクォーク）、２段目は力の媒介粒子（フォトン、WおよびZ粒子、グルーオン）、下段はヒッグス粒子。 図／TriTertButoxy

図10

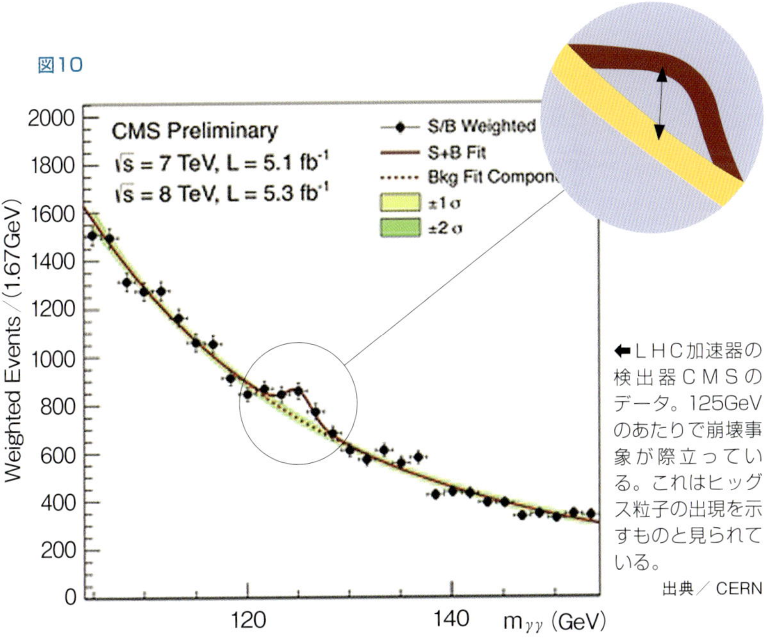

⬅ＬＨＣ加速器の検出器ＣＭＳのデータ。125GeVのあたりで崩壊事象が際立っている。これはヒッグス粒子の出現を示すものと見られている。

出典／CERN

Q7 どうやってヒッグス粒子を生み出すのか？

A　ヒッグス粒子をつくり出そうとする試みは1990年代初頭に始まったので、すでに20年が経過している。はじめにこの試みに挑戦したのはセルンの加速器ＬＥＰ《レップ》であり、ついでアメリカのフェルミ研究所の加速器テバトロンであった。

これらの加速器は、ビッグバン直後の宇宙の超高エネルギー状態を再現するための実験ツールである。宇宙がそのエネルギーレベルのときに“相転移”が起こり、ヒッグス場が姿を現したとされているからだ。

とすれば、光速に近いスピードで粒子どうしを衝突させて瞬間的にこのエネルギーを生み出せば、有名なアインシュタインの方程式“$E=mc^2$”に従って、ヒッグス粒子が姿を現すはずだからである。

用語解説 **テバトロン**：2012年7月にこの加速器の研究チームは、過去10年間の500兆回の衝突から、彼らもヒッグス粒子を発見した可能性が高いと発表した。

だがこれらの加速器実験ではヒッグス粒子は発見されたなかった。ＬＥＰとテバトロンの生み出すエネルギーがヒッグス粒子をつくり出すために必要なエネルギーを達成できなかったためだ。というよりそもそも理論の予言する、つまり探索すべきエネルギーレベルが不確かで、どのくらいのエネルギーで実験すればよいかがわからなかった。

ただしいずれの加速器も、ヒッグス粒子の質量すなわちエネルギーの大きさの“範囲”を絞り込むという重要な成果を残した。それは115GeV（ギガ電子ボルト）以下ではなく、127GeV以上でもないというものだ。おかげで史上最強の加速器ＬＨＣは、125GeVの周辺に焦点を合わせて実験できることになった。ただしこの方法でヒッグス粒子が生み出されるとしても、それは粒子（陽子）どうしの衝突1兆回あたり1回ほどとされている。

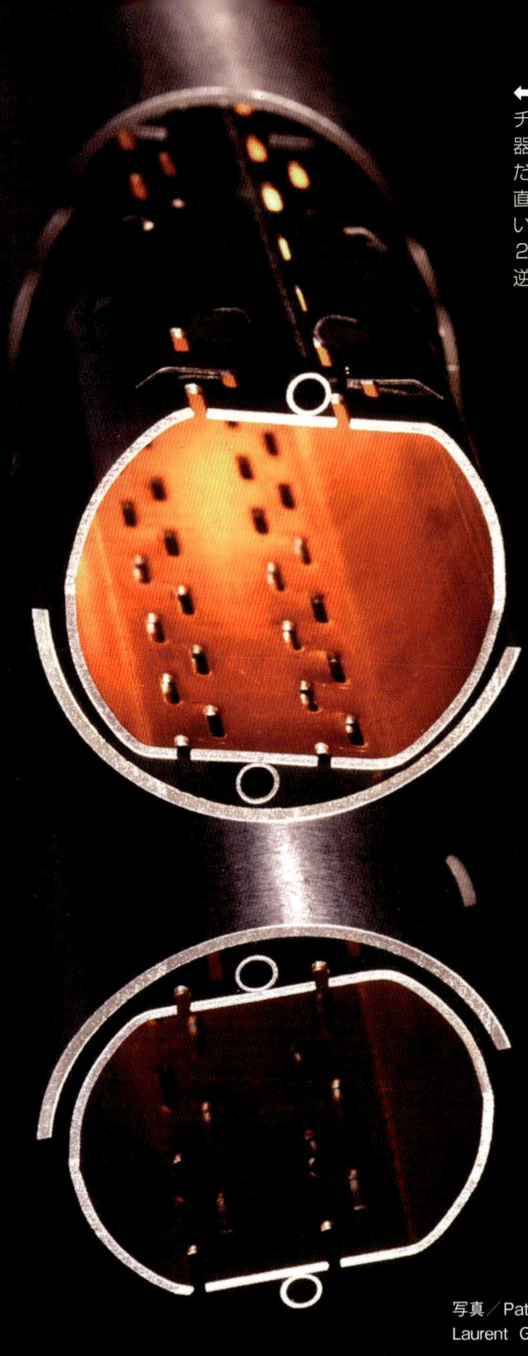

⬅加速器ＬＨＣの加速チューブの断面。加速器全体はきわめて巨大だが、加速チューブの直径は数センチしかない。陽子ビームは上下２本のチューブの中を逆方向に走る。

写真／Patrice Loïez, Peter Rakosy, Laurent Guiraud/CERN

Q8 ヒッグス粒子は本当に発見されたのか？

A　セルンのＬＨＣ加速器で実験を繰り返してきた素粒子物理学者たちは、少なくとも「ヒッグス場の存在はたしかだ」と考えている。

それは、これまでの膨大な実験データとその解析結果から、電子やW粒子、Z粒子に質量を与える何らかの場の存在が明らかになり、それがヒッグス場（ヒッグス粒子）の理論的予言とよく重なっているという理由からだ。

しかしそれでも彼らは100パーセントの確信はもつことができない。それはたとえば、ヒッグス場とヒッグス粒子がただ１種類しか存在しないのか、それとも何種類か存在するのかが、これまでの観測データからははっきりしないからだ。標準モデル以外の理論、たとえば「超対称性理論」などには、５種類以上のヒッグス粒子を予言するものもある。その場合のヒッグス粒子は質量が非常に大きいものになる。

また、ヒッグス場はいくつかの場が重なったものかもしれないという疑問も残る。それはちょうど、原子核をつくる陽子が実際にはクォークまたは反クォーク、それにグルーオンからできており、また陽子の場も、クォーク場や反クォーク場、それにグルーオン場が重なった場であるというように。

こうした問題が解明されないかぎり、物理学者たちが最終回答を手にすることはできない。だから彼らはこれからも、ＬＨＣのような、あるいはこれをさらに（はるかに？）上回るような超高エネルギーを生み出すスーパー加速器を建造して、実験を続けなくてはならないと考えているのである。

用語解説　**超対称性理論**：フェルミオン（クォーク、レプトン、陽子、中性子など）とボソン（フォトン、グルーオン、ヒッグス粒子など）の入れ替え（対称性）を求める理論。標準モデルを超える理論の最有力候補とされている。

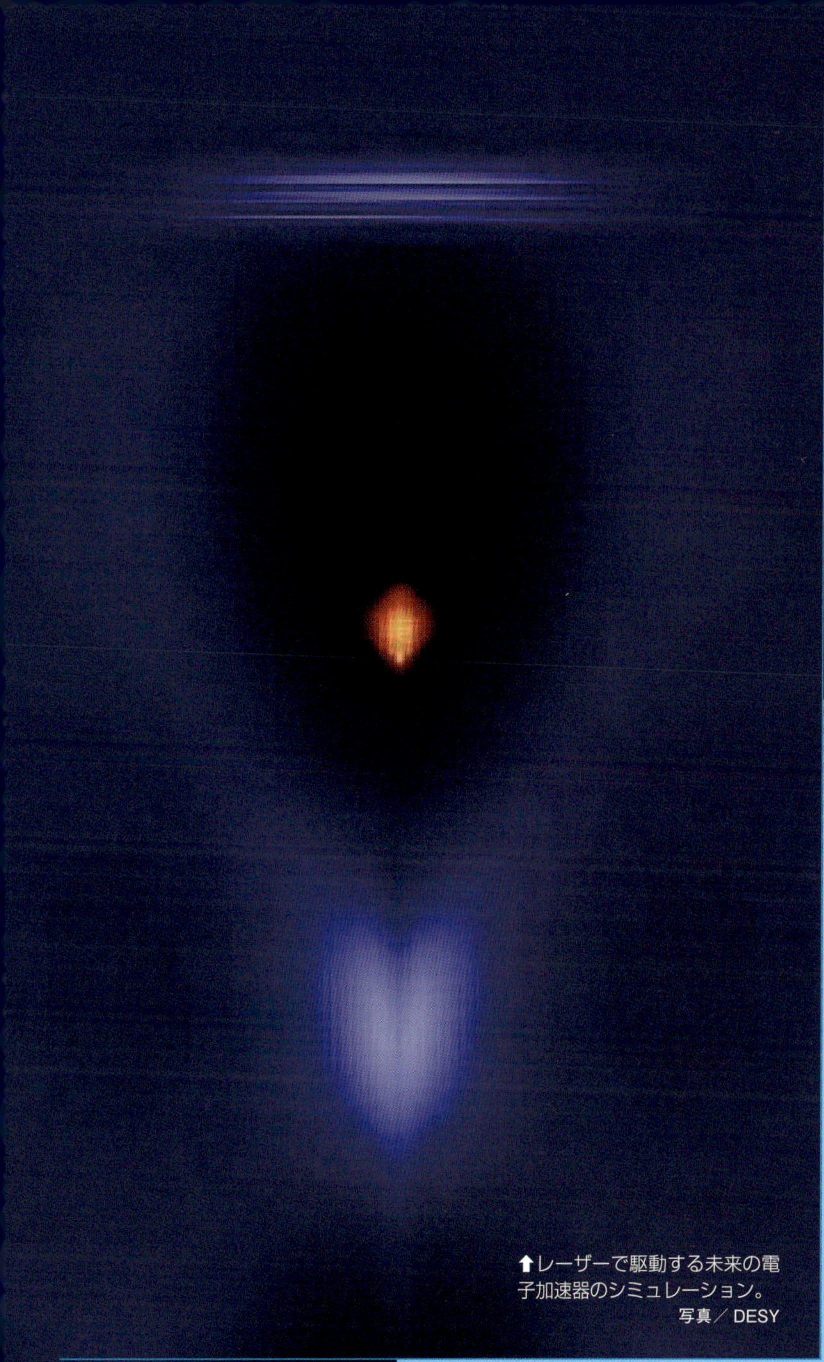

⬆レーザーで駆動する未来の電子加速器のシミュレーション。
写真／DESY

Q9 ヒッグス粒子の発見で素粒子の世界はどこまでわかったのか？

A 究極の物質である素粒子の世界を美しく数学的に説明する標準モデル。この理論が予言していたもののこれまで未発見であった最後の素粒子がヒッグス粒子であった。

ではヒッグス粒子が発見されたとすると、標準モデルはついに完成し、人間は物質世界のありようをすべて解き明かしたことになるのであろうか？　事実は、そのような段階ははるかかなたである。

たしかに今回の発見によって標準モデルが前提とする３つの力、すなわち電弱力（弱い力＋電磁気力）と強い力の説明はおおむね可能になった。

しかしこれらはいずれも、素粒子どうしの間にはたらいて陽子や中性子のような複合粒子をつくる力についてのものである。ヒッグス粒子を発見して他の素粒子に質量を与えただけでは、これら３つの力を統一的に記述する「大統一理論」にはほとんど近づくことができない。

さらに、これら３つの力よりはるかに微弱ではあるものの誰もがもっとも知りたい４番目にして最後の力「重力」の説明がまったくの蚊帳の外である。

重力はわれわれが見るような宇宙の姿を形成している普遍かつ無限遠の力である。それはアインシュタインの相対性理論によって宇宙的スケールでのみ、すなわち天空を彩《いろど》る銀河や星々の運動としてのみ扱うことのできる特別の力であり、現在の標準モデルには居場所がない。

最新のある理論によれば、われわれは重力のごく一部分しか感じていない。というのも、重力の大半は人間が感じとることのできない“隠れた余剰次元”、たとえば５次元空間ではたらいているからだという。「５次元時空」の理論（後述）はそう予言しているようなのだ。

Column

ヒッグス粒子を否定したのはだれか

イギリスの公共放送ＢＢＣで働く音響技術者の息子ピーター・ヒッグスは、世界的に著名な量子物理学者ポール・ディラックの著書に魅了されて物理学者を志し、ロンドン大学のキングス・カレッジを優秀な成績で卒業した。だが彼は母校で講師職に就くことができず、方向を転じてエディンバラ大学で研究者になった。

1964年、当時34歳だったヒッグスと彼の同僚が、後にヒッグス粒子と呼ばれることになる新粒子についての論文を書いてある科学誌に送ったとき、その雑誌は論文の掲載を拒否した。論文を審査した物理学者たちが論文の示唆するものを理解しなかったからだ。この論文を読んだ他の先輩物理学者たちもヒッグスらを「青２歳」「プロの研究者になるには自殺行為だ」などと批判した。

現在アメリカのブラウン大学教授で、同じ年にヒッグスらにやや遅れて同じ課題の論文を書いたゲリー・グラルニクが、すでに「不確定性原理」によって世界的名声を得ていたドイツのヴェルナー・ハイゼンベルクに出会ったとき、ハイゼンベルクは「キミたちは物理学の約束事をわかっていない」と言ったという。

近年になっても、ヒッグス粒子の存在を認めようとしない傾向は一部の高名な物理学者の間で見られた。あの車椅子のスティーブン・ホーキングはある物理学者と賭けをし、ヒッグス粒子がみつからないほうに100ドル賭けていた。

しかしヒッグス粒子らしき新粒子が発見されたという発表が行われた７月４日、ホーキングは、ヒッグス粒子の探索には金がかかりすぎるとしながらも、「ヒッグス教授の業績はノーベル物理学賞に値する」と述べて、賭けに負けたことを認めたのだった。

⬅20世紀物理学を象徴するハイゼンベルク（右）やホーキングも、ヒッグス粒子の存在には否定的だった。

Q10 ヒッグス粒子は10年以上前に出現していた？

A ヒッグス粒子発見かというニュースが世界に流れたのは2012年7月4日であった。しかし、もしかするとこの粒子は、すでに12年前の2000年にチラッと姿を現していたかもしれない。

その当時のセルン最強の加速器は現在のＬＨＣの前任者ＬＥＰ（レップ。右ページ上写真）であった。Large Electron-Positron Collider（大型電子－陽電子衝突型加速器）の略である。

それまですでに10年余り運転され多くの成果をあげていたこの加速器は、同年末には運転終了の予定であった。同じトンネル内により高エネルギーで実験を行うためのＬＨＣの建設を開始するためである。

ところが、閉鎖直前の実験で奇妙なことが起こった。質量が115GeV（ジェブ＝ギガ電子ボルト）ほどの、予言されるヒッグス粒子の質量に非常に近いものが検出されたのだ。

研究者たちはセルンの管理者にもう６週間ほど実験を続けさせてほしいと要請した。こうして続けられた実験でさらにヒッグス粒子らしきものが現れ、研究者たちは実験のさらなる延長を求めた。

しかしそれは許されなかった。彼らはいまでも、あのとき自分たちはヒッグス粒子の姿を一瞬かいま見たと信じているようである。

用語解説 **電子と陽電子の衝突**：ＬＥＰは電子－陽電子衝突型加速器であった。これらの粒子が衝突すると対消滅して仮想粒子（フォトンまたはＺボソン）となり、それはただちに崩壊して別の素粒子に変わる。ＬＥＰは電子と陽電子（レプトン）の反応を用いる世界最強の加速器であり、1989年から2000年まで運転された。

➡上／加速器ＬＥＰの組立て作業。レプトンを用いる加速器としては世界最強であったが、ヒッグス粒子発見に挑むにはエネルギーが不足していた。下／2000年にＬＥＰの検出器に残された粒子衝突事象。ヒッグス粒子の候補とされた最初の実験記録。

写真／CERN

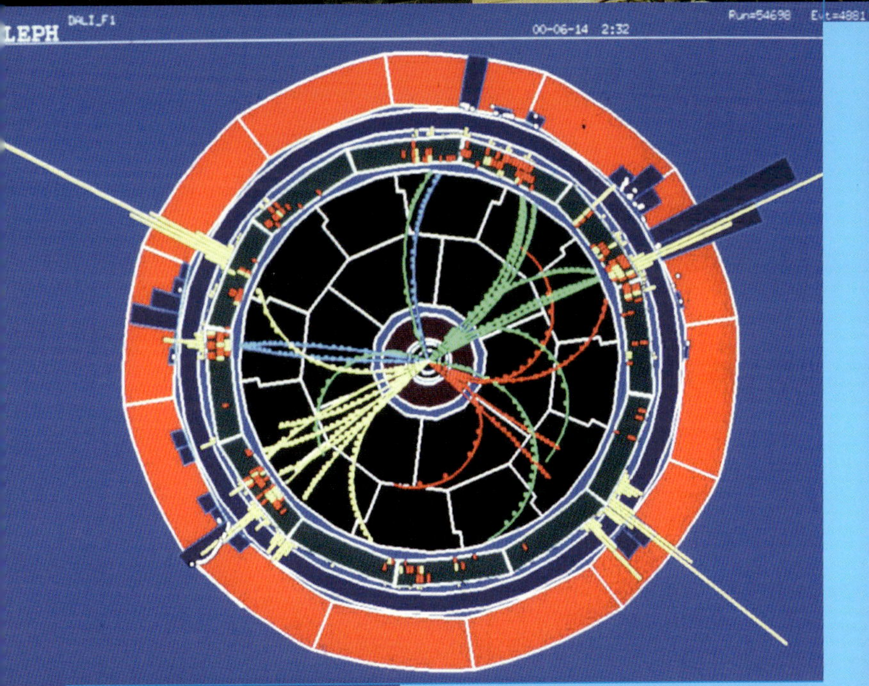
LEPH
DALI_F1
00-06-14 2:32
Run=54698
Evt=4881

Q11 ヒッグス粒子自身の質量はどこから来るのか？

A ヒッグス粒子は自然界の物質（物質粒子）に質量を与えているという。と聞くとわれわれは、この粒子——実際にはヒッグス場——は質量をもつすべての粒子に質量を与えていると考えたくなる。

だがそれは間違いである。そもそもヒッグス場はヒッグス粒子には質量を与えていない。

ヒッグス粒子は素粒子としては非常に大きな質量をもっている。今回の実験で発見されたとされる粒子の場合は125〜126ギガ電子ボルト（下コラム参照）。これは、３個のクォークの複合粒子である陽子や中性子（素粒子ではない）の100倍以上である。いったいこの大きな質量はどこから来るのか？

素粒子の質量

素粒子の静止質量は、電子ボルト（eV：electron volt）というエネルギーの単位で表す。特殊相対性理論によって質量とエネルギーは同義（$E=mc^2$）だからである。

非常に大きなエネルギーを表す場合は、MeV（メガ電子ボルト＝100万電子ボルト＝メブ）、GeV（ギガ電子ボルト＝10億電子ボルト＝ジェブ）、TeV（テラ電子ボルト＝兆電子ボルト＝テブ）などの単位を用いて表記を簡略化する。

1eV → 1電子ボルト

1keV（1キロ電子ボルト）→ 1000電子ボルト

1MeV（1メガ電子ボルト）→ 100万電子ボルト

1GeV（1ギガ電子ボルト）→ 10億電子ボルト

1TeV（1テラ電子ボルト）→ 1兆電子ボルト

理論的予言では、ヒッグス粒子の質量は部分的にヒッグス場から得られるものの、それ以外の大半の質量はどこか別の未知のしくみから得ているとされている。

宇宙には、いまだほとんど何も解明されていないダークマター（ダークマター粒子）などさまざまな未知の粒子が存在し、それらは未知の場から質量をもらっている。ヒッグス粒子もまた、そうした未知の場から質量を得ていると考えられているのだ。

column

ダークマター

宇宙全体の“物質エネルギー”のうち人間が観測できるのはわずか4％でしかない。これはおもに星々をつくっている水素やヘリウムである（ここでいう物質エネルギーとはふつうの物質とエネルギーの合計。相対性理論によれば両者は本来同一である。物質の質量に光速の2乗（c^2）を掛け合わせればすべてをエネルギーの大きさとして表すことができる）。

宇宙の残りの90パーセント以上は光などの電磁波を出さないために人間が観測できないもの、すなわちダークマター（暗黒物質）とダークエネルギー（暗黒エネルギー）とされている。ダークマターやダークエネルギーの正体についてはいくつかの候補が論じられているものの、いまだほとんど何もわかっていない（後述）。

Column

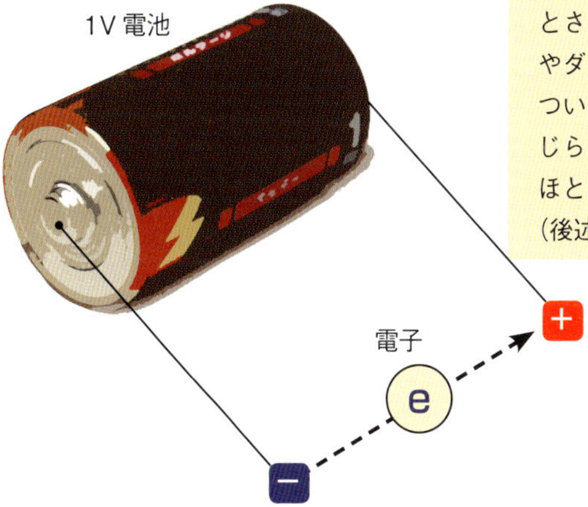

←1電子ボルト（1eV）は、1ボルト（V）の電位差のある自由空間内で1個の電子が得るエネルギー。人間の感覚で見るときわめて小さいエネルギーで、人体が感じることはできない。

Q12 ヒッグス粒子とは別の粒子の可能性は？

A　セルンの物理学者たちも、この実験に直接参加していない世界の他の物理学者たちも、なぜ今回の実験結果を見て「ヒッグス粒子発見」と断言しないのか？

彼らが確信をもてない理由はいくつかある。最大の理由は、ヒッグス粒子はどうやっても直接観測することができないということだ。つまり、陽子どうしの正面衝突によってこの粒子が一瞬現れたときに検出器に残る“影”や“足跡”を見て、それらが真にヒッグス粒子の残したものかどうかを推測するしかないのである。

理論が予言するヒッグス粒子は質量もいろいろであるうえ、出現するや否や崩壊して別の粒子に変わってしまう。もとの粒子の質量が違えば崩壊して現れる粒子の種類も異なってくる。それらの粒子もまたすぐに崩壊し、最終的にフォトン（光子）となってどこかに消えてしまう。ＬＨＣの検出器はこれらの崩壊事象をエネルギーの大きさや方向として記録できるだけである。

ＬＨＣの検出器がとらえた崩壊事象は、標準モデルが予言するヒッグス粒子と見るには少しあやふやなところがあった。ヒッグス粒子は何種類か予言されているうえ、現在の世界最強の加速器ＬＨＣであっても、実験によって生み出せるのはもっとも単純な姿のものだけである。

そのため、今回とらえられた“ヒッグス粒子らしき粒子”が未知の別の粒子である可能性も残されている。たとえばいまだ謎に満ちたままのダークマター（暗黒物質）に関係したミステリアスな粒子かもしれず、そのほうがエキサイティングかもしれない。

用語解説　**崩壊（粒子崩壊）**：ある素粒子が自発的に壊れて、より質量の小さな別の素粒子と力の媒介粒子に変わる反応。

図11 ヒッグス粒子か別の粒子か

⬇実験結果が実際にヒッグス粒子を発見したか否かを見分けるには、このチャートのような手順を踏まねばならない。

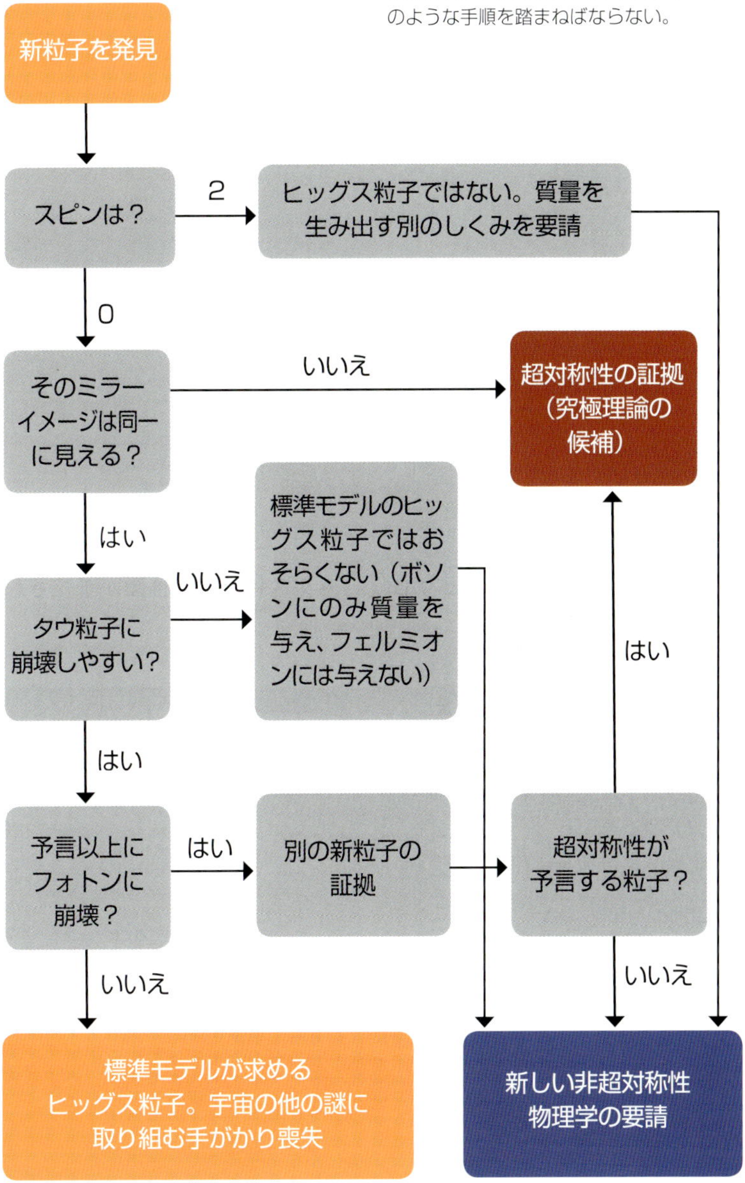

新粒子を発見
スピンは？
2
ヒッグス粒子ではない。質量を生み出す別のしくみを要請
0
そのミラーイメージは同一に見える？
いいえ
超対称性の証拠（究極理論の候補）
はい
タウ粒子に崩壊しやすい？
いいえ
標準モデルのヒッグス粒子ではおそらくない（ボソンにのみ質量を与え、フェルミオンには与えない）
はい
予言以上にフォトンに崩壊？
はい
別の新粒子の証拠
超対称性が予言する粒子？
はい
いいえ
いいえ
標準モデルが求めるヒッグス粒子。宇宙の他の謎に取り組む手がかり喪失
新しい非超対称性物理学の要請

資料／ Michael Slezak, NewScientist,July 14 (2012)

Q13 日本はLHCの建造にどんな貢献をしたのか？

A　セルンの加速器ＬＨＣの完成には、日本のさまざまな技術と製品も貢献している。これは、同じ科学研究分野における日本の経験、すなわちＫＥＫ（高エネルギー加速器研究機構。つくば市）の高エネルギー加速器やカミオカンデ、スーパーカミオカンデなどの建設と運転から得られた技術的蓄積があったために可能になったことだ。

すでに日本はセルンの加速器ＬＥＰの時代に、その４基の検出器のひとつオパールなどの設計・建造、そして完成後の実験に加わっていた。現在の加速器ＬＨＣでも、検出器アトラスやアリスなどの建造に重要な貢献を行っている。

セルンの加速器建設は国際共同プロジェクトでもあるため、日本は建設費の資金協力も行ってきた。ＬＨＣは本体の建設費だけで3800億円程度とされているが、日本は最初期に約50億円（セルン側の説明）を拠出し、日本側によればこれまでに合計138.5億円の資金協力を行ってきたとされている。

またＬＨＣには日本製の素材や機器が使用されている。加速器本体には、ヘリウム冷凍システム、ビーム収束用の超伝導磁石、極低温非磁性ステンレス、超伝導電磁石の鋼材やケーブル、絶縁テープなどだ。

検出器アトラスにはさらに深く関わっている。アトラスの建造費は邦貨で500億円とされているが、そのうち約28億円は日本が資金協力を行った。またアトラスと別の検出器ＣＭＳには、超伝導ソレノイド、シリコン検出器、光ファイバー、液体アルゴン真空容器、ワイヤーチェンバー、ポリイミドフィルム銅張り板などの日本製ハイテク部品・機器が使用されている。

用語解説　**日本人研究者**：ＬＨＣのヒッグス粒子探索には世界66カ国から約1万人の研究者が加わっている。日本からも100人あまり。素粒子物理は人類的関心事ということになる。

●川崎重工が製造したATLAS（アトラス）検出器用の巨大なクライオスタット（断熱支持装置）

●東芝製の巨大な超伝導４極電磁石

LHCを支える日本のハイテク

⬆➡これらのほかにも超伝導ケーブル（古河電工）、シリコン検出器（浜松ホトニクス）、超伝導磁石用の鋼材（新日鉄、ＪＦＥ）など多くの日本企業がその技術力を総動員してＬＨＣの完成に貢献している。

●IHIが製造した超低温ヘリウムコンプレッサーの心臓部

Q14 ヒッグス粒子以外にも質量を与えるしくみがあるのか？

A　21世紀に入って生まれた新しい研究によると、ここで注目しているヒッグス機構（ヒッグス場とヒッグス粒子）だけが宇宙の質量の生みの親ではないらしいことがわかってきた。むしろヒッグス粒子による質量は質量のごく一部かもしれない。

宇宙を形作っている銀河や星々はほとんど陽子や中性子などのハドロン（複合粒子）からできており、個々のハドロンは複数の素粒子、すなわちクォークが結合したものだ。ヒッグス場はこのクォークに質量を与えているとされている。

だが陽子や中性子の質量は、それをつくっている3個のクォークの質量の合計よりはるかに大きい（約50倍）。これらの粒子は実際には質量の大半を、クォークどうしを結合する力――クォーク凝縮、グルーオン凝縮などと呼ばれる――から獲得しているとする新しい研究も生まれている。

こうした研究はまだ始まったばかりだが、ともかくヒッグス粒子は、宇宙の物質粒子がもつ質量のごく一部を担っているだけかもしれない。

column

ヒッグス粒子実験の真の目的

物理学者たちがセルンで行っている実験はヒッグス粒子を見つけるためと考えられているが、実際にはそれが真の目的ではない。ヒッグス粒子発見！と言うほうが新聞やテレビが取り上げやすいので、彼らはそうした表現を用いているのである。物理学者にとって加速器実験の最終目的はヒッグス場の性質を知ることだ。

そこで、たとえヒッグス粒子の発見が最終的に否定されても彼らはあまり落胆しない。そのときは、ではヒッグス粒子がなぜ見つからないのかを説明できる別の粒子または力を探さなくては、ということになるからだ。謎が深まるのはよいことなのである。

Q15 すべては単なる理論？

A 理論とか仮説という言葉は、科学の世界だけではなく一般社会でも日常的に、それもかなりルーズな使い方をされている。たとえば「彼はなかなかの理論家だ」などというように。

では、本書のテーマである素粒子物理の「標準モデル(Standard Model)」もただの理論であり仮説なのか？

少なくとも標準モデル（標準理論、標準模型ともいう）はいまでは単に数学的に組み立てられただけの理論ではない。この理論はこれまでに多くの実験によってその正しさや妥当性が検証されているからだ。

フォトン（光子）には質量がない、W粒子とZ粒子には厳密に決定された質量がある、クォークやレプトンにも質量がある、電弱力と強い力を介してクォークやレプトンやボース粒子（ボ

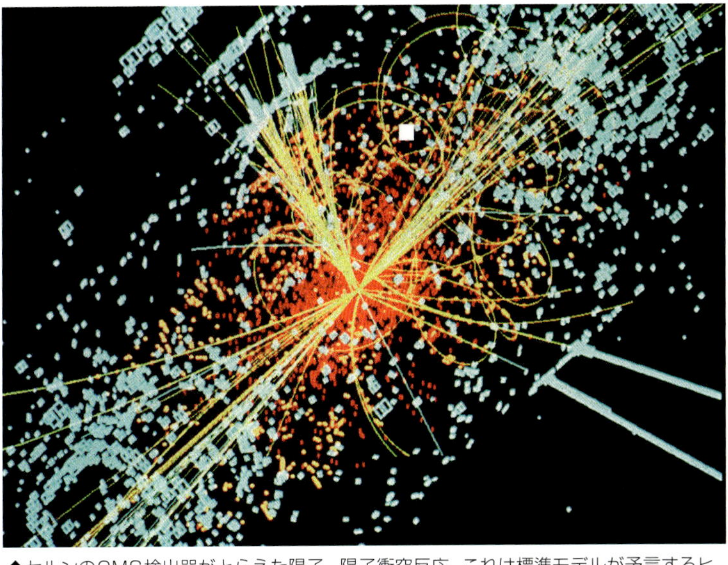

↑セルンのCMS検出器がとらえた陽子－陽子衝突反応。これは標準モデルが予言するヒッグス粒子を生み出したのか、それとも標準モデルを超える理論を要求しているのか？

←2010年にJ・J・サクライ賞を受賞したヒッグス理論貢献者たち。ピーター・ヒッグスは出席できなかった。

ソン）はある確率で生成・崩壊する——標準モデルによるこれらの予言はどれも厳密に確かめられている。

そしてこれらの観測的事実は、そこにヒッグス機構（ヒッグス場とヒッグス粒子）の“ようなもの”が存在しなければ説明できない。ヒッグス機構はその“ようなもの”のうちもっともシンプルな理論的説明である——素粒子物理学者はこう説明している。

こうして見ると標準モデルはすでに理論・仮説の段階は超えているようではある。

ただし、ヒッグス粒子の存在が最終的に確認できないときには話は別である（これを書いている2013年初頭時点では確認されたとは言えない）。

そのときは、素粒子の基礎的な枠組みとしての標準モデルは大けがを負うか破綻し、その前提となった「ＣＰ対称性の破れの解明」（小林／益川理論）は取り消され、さらに南部洋一郎の「自発的対称性の破れ」もうやむやに……という事態が起こらないとも限らない。

もっとも、標準モデルの構築に貢献した前記の日本人を含む多くの物理学者たちはすでに、ノーベル賞やＪ・Ｊ・サクライ賞といった名誉ある賞を贈られているが。

用語解説 **J・J・サクライ賞**：アメリカ物理学会（APS）が理論素粒子物理の分野で重要な貢献を行った研究者に毎年贈る賞。アメリカに渡って頭角を現したが早世した桜井純（1933〜82年）をたたえ、遺族の寄付によって1984年に設立された。2010年にはヒッグス機構への貢献者6人に贈られている。

パート3 *Visiting Particle Physics*

素粒子を見つけるしくみと巨大技術

ヒッグス粒子をはじめあらゆる素粒子をこの世界に呼び寄せる巨大なマシン「粒子加速器」を間近に見る。

写真・イラスト：CERN／Fermilab／Fanny Schertzer／Brookhaven National Lab.／Lawrence Berkeley National Laboratory／TRIUMF／Borexino／SNO（Ernest Orlando／Lawrence Berkeley National Lab）／SLAC／Buccigrossi／DOE／NASA／NSF, J.Yang／Amble／Claudia Marcelloni／Michael Hoch／Laurent Guiraud／Maximilien Brice／Amble／Raedts／Vincent Pál／Peter nussbaumer／Budker Institute of Nuclear Physics／Dutch National Archives／東京大学宇宙線研究所神岡宇宙素粒子研究施設／細江道義／矢沢潔／矢沢サイエンスオフィス

Visiting Particle Physics①

泡箱と霧箱

素粒子の多くは一瞬の命しかもたない。泡箱と霧箱は、液体や気体の中で素粒子が生まれては消えていく様子を写真に記録するという方法で、その姿を現世にとどめることができる。

ある加熱状態の液体の中を1個の荷電粒子が通り抜ける。すると、荷電粒子は液体をつくっている原子のもつ電子と衝突（相互作用）してはねとばし、その原子をイオン化する。

このイオン化した粒子は、液体をその通路に沿って沸騰させ、泡を生じさせる。そこでこの泡が消える前に写真に撮れば、多数の泡の軌跡を記録できる。

これは、きわめて短命の素粒子を記録し解析するための原初的な手法として、その後の素粒子物理の研究に重要なツールを与えたのである。

霧箱とは何か

霧箱は1911年にイギリスのチャールズ・ウィルソンによって考案された世界最初の粒子検出器である。

密閉容器に混合気体を過飽和状態に封じ込め、その中に荷電粒子を通す。すると荷電粒子の通路に浮いていた原子は電子をはぎとられてイオン化され、水滴を生じる。これに外から光をあてて撮影すれば、粒子の軌跡を記録することができる。

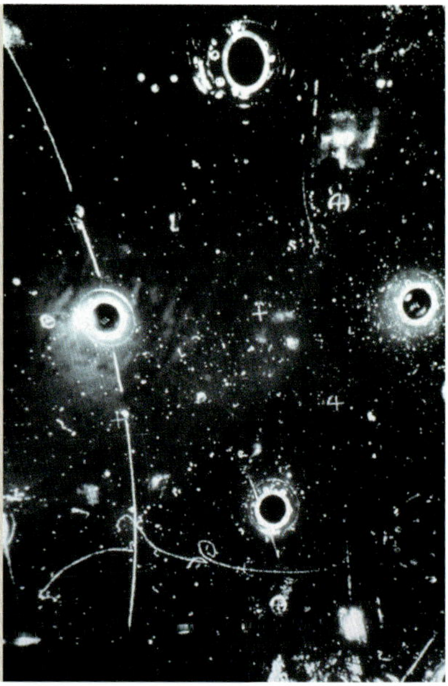

➡ウィルソンが世界初の霧箱でとらえた粒子の軌跡。

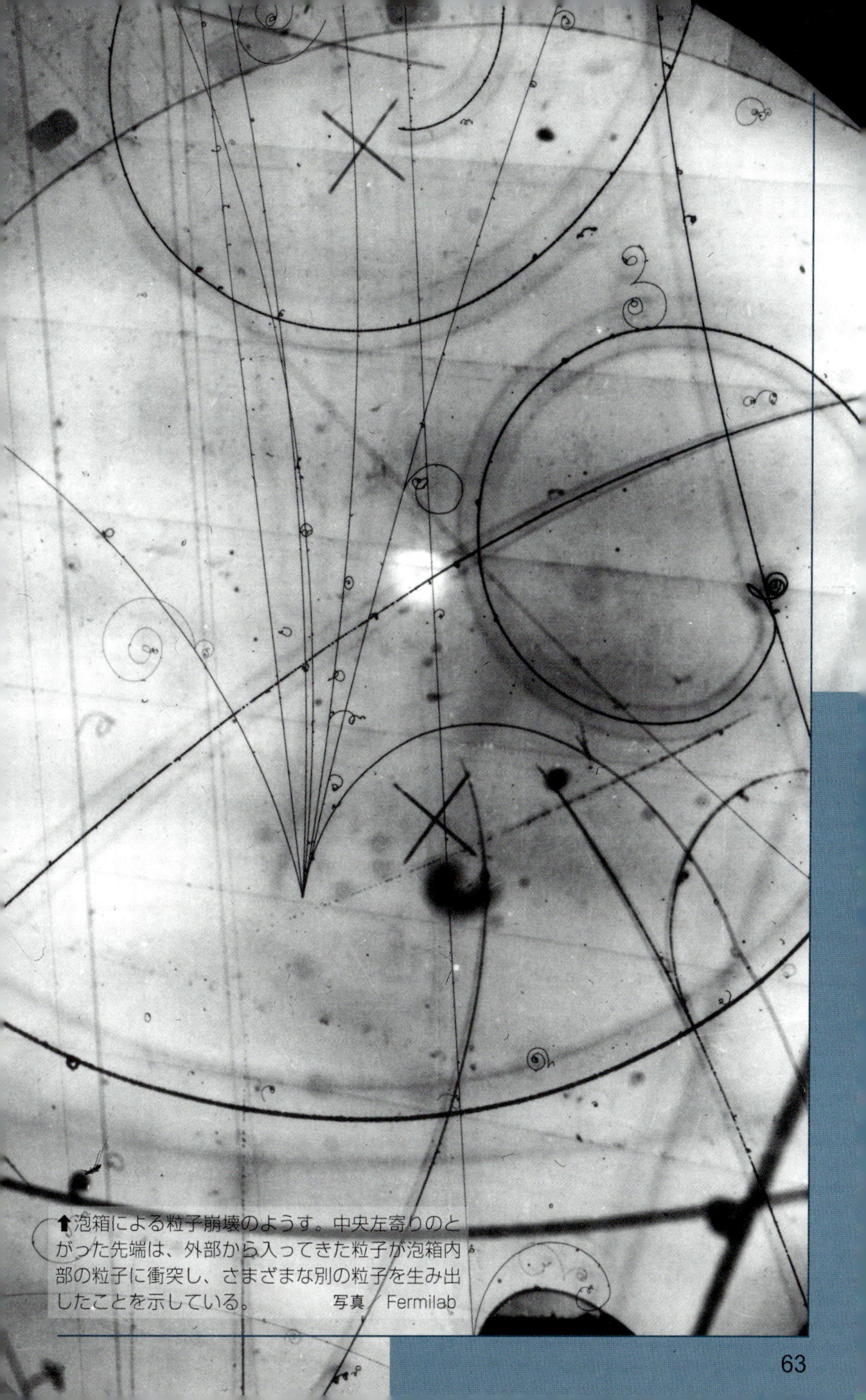

⬆泡箱による粒子崩壊のようす。中央左寄りのとがった先端は、外部から入ってきた粒子が泡箱内部の粒子に衝突し、さまざまな別の粒子を生み出したことを示している。　写真／Fermilab

⬆1971年にシカゴ郊外のフェルミ国立加速器研究所につくられた泡箱（バブルチャンバー）。球状の本体は直径4.5メートル。陽子の性質を調べる目的でつくられたが、その後引退して別の場所に展示された。

➡上の泡箱の構造。内部には超低温の液体水素がつめられ、上部の複数のカメラで撮影が行われた。

図1 バブルチャンバーの構造

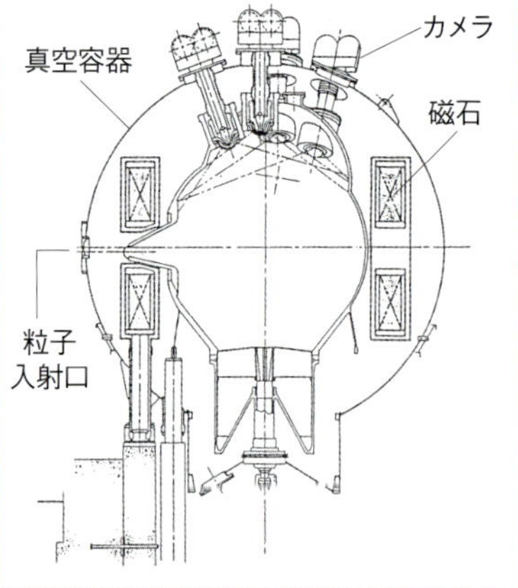

⬆1970～80年代にヨーロッパで稼動した泡箱“ビッグ・ヨーロピアン・バブルチャンバー”。ステンレス製の容器に35トンの水素または重水素を満たし、10年間で600万枚以上の写真を撮影した。　写真／CERN

➡上と同じ時代にフランでつくられた泡箱“ガルガメル”。この装置は中性カレントの発見という素粒子物理における重要な貢献をした。
写真／Fanny Schertzer

Visiting Particle Physics ②

宇宙線観測装置

宇宙線の中には、地上の最強の加速器でもとうてい生み出せない高いエネルギーをもつものがある。そこで宇宙線を観測すれば、地上では不可能な素粒子研究が可能になる。

地上や大気中で観測できる宇宙線の大半は、実際には宇宙からきたものではない。それらは宇宙起源の高エネルギーの粒子（1次粒子）が大気内の原子と衝突して作り出した“空気シャワー”の末端の2次粒子、3次粒子である。

そこでこれらをとらえれば、1次粒子のエネルギーや性質を逆算して推測することができる。

図2 ハエの眼

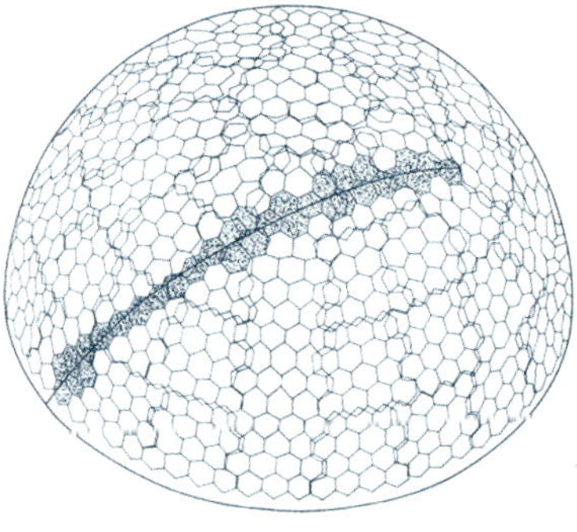

⬆上：カナリア諸島ラ・パルマ島につくられた宇宙線望遠鏡“マジック”。大気中で宇宙線によって生じるチェレンコフ光をとらえる。下：アルゼンチンのパンパアマリアにつくられたピエール・オージェ宇宙線望遠鏡の想像図。イラスト／Pierre Auger Observatory

⬅かつてアメリカで建造された宇宙線観測装置“フライズ・アイ（ハエの眼）”。空気シャワーが発するチェレンコフ光をとらえることを目指した。

⬇アフリカのナミビアに建設された大気中のチェレンコフ光を観測するヘス望遠鏡。写真／H.E.S.S. Collaboration, Christian Föhr

Visiting Particle Physics ③

陽子崩壊の観測装置

地下深くに大量の水や鉄を用意し、その中のたった1個の陽子が崩壊する可能性に賭ける——だがその陽子の寿命は、宇宙の年齢の1兆倍の1兆倍のさらに……も長い。

素粒子の基本的な4つの力のうち、重力を除く3つの力（電磁気力、弱い力、強い力）を統一的に説明しようとするのが大統一理論（GUTs）である。

この理論はしかし、かつては完全に安定していると考えられていた陽子にも実は寿命があり、崩壊して陽電子とパイ中間子に変わると予言する。

そこで、陽子が崩壊する瞬間を観察できれば大統一理論はいっきに前進する。そのための陽子崩壊実験である。

図3 宇宙線とのちがい

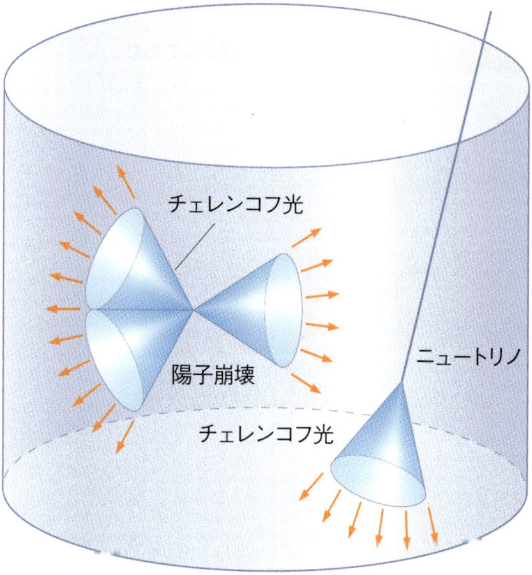

⬅水中で陽子が崩壊して別の粒子に変わり、それらが水中を走るときには円錐状のチェレンコフ光を発する。宇宙から入射するニュートリノの発するチェレンコフ光は1方向だけだが、陽子崩壊の場合、それは複数の方向に光を発する。

➡アメリカのエリー湖の地下につくられた検出器ＩＭＢ。技術者が水タンクにもぐって光電子増倍管の点検を行っている。写真／Brookhaven National Lab.

⬆イタリアのローマ東方 120 キロメートルのグランサッソ山を貫通するトンネル内につくられた陽子崩壊（およびニュートリノ)の観測装置マクロ。内部に液体を満たしており、液体シンチレーターと呼ばれる。写真／Buccigrossi

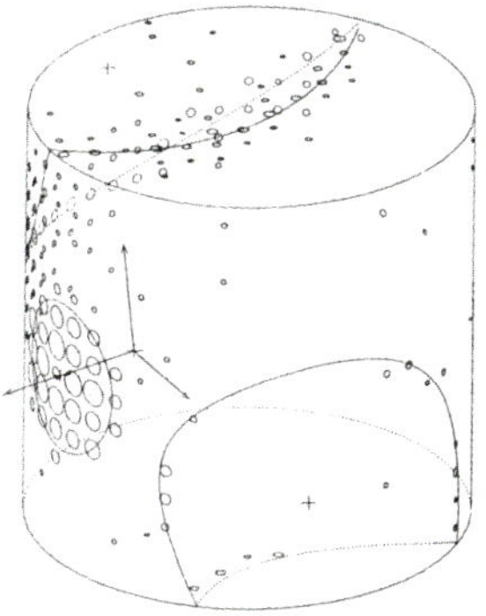

⬆かつてカミオカンデがとらえた反応の1例の3次元マップ。＋点で反応が起こり、矢印の3方向にチェレンコフ光が走ったが、陽子崩壊と確認することはできなかった。

Visiting Particle Physics ④

ニュートリノ観測装置

物質とほとんど反応しないニュートリノを確実にとらえるには、厚さ100光年の鉛が必要だという。それは地球をいくつもやすやすと貫通する物質透過力である。

これほどの透過力をもつ粒子を検出するには、陽子崩壊実験に用いられる検出器と同じ発想に頼るしかない。つまり膨大な数のニュートリノを大量の水や鉄で受け止め、その中でごくまれに起こる弱い力による反応を検出するのである。

ニュートリノを最初に確認したのは1956年、アメリカ、ロスアラモス国立研究所の科学者たち。以来、ニュートリノ検出器は巨大化の一途をたどってきた。

日本の神岡鉱山の地下につくられたカミオカンデとその後継のスーパーカミオカンデ、アメリカのホームステーク鉱山のニュートリノ望遠鏡、イタリアのグランサッソのトンネル内の観測施設などである。

⬆かに星雲の超新星爆発で放出された大量のニュートリノはカミオカンデでもキャッチされた。　写真／NASA

⬆アメリカ、サウスダコタ州ホームステークス地下鉱山につくられた太陽ニュートリノ望遠鏡。

写真／Brookhaven National Lab.

⬇岐阜県神岡鉱山の地下1000メートルにつくられているスーパーカミオカンデ。5万トンの純水を満たして陽子崩壊とニュートリノを待ち続けている。写真／東京大学宇宙線研究所神岡宇宙素粒子研究施設

⬆上／スーパーカミオカンデで用いられている光電子増倍管。水中で発生するチェレンコフ光をとらえる目である。下／ニュートリノ検出器の内壁を埋めるように並ぶ光電子増倍管。

写真／東京大学宇宙線研究所（上）、Fermilab（下）

➡カナダ、オンタリオ州の鉱山の地下 2000 メートルにつくられたニュートリノ検出器。球形の巨大なアクリル製容器に重水をつめ、多数の光電子増倍管で完全に取り囲む構造となっている。

写真／SNO（Ernest Orlando Lawrence Berkeley National Lab）

図4 カムランドの内部構造

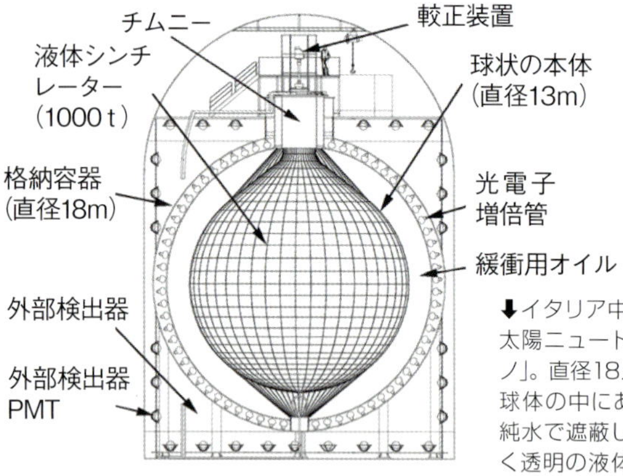

←カミオカンデの跡地につくられた「カムランド」（東北大学）の内部構造。地球内部で熱を生み出している核分裂反応から放出される反電子ニュートリノを観測する。

↓イタリア中部のグランサッソにある太陽ニュートリノ検出器「ボレクシーノ」。直径18メートルのステンレス製の球体の中にあり、周囲を2400トンの純水で遮蔽している。内部を満たす青く透明の液体300トンの周囲を2200本の光電子増倍管が取り囲んでいる。

写真／ Borexino

イラスト／NSF/J. Yang　写真／Amble

⬆➡2010年以来世界最大のニュートリノ観測施設となった南極大陸のアイスキューブ・ニュートリノ観測所。南極点にあるアムンゼン・スコット基地に近い氷床の深さ1450～2450メートルに、数千個の検出モジュール（日本製の光電子増倍管を耐圧球に内蔵したもの）を設置している。アメリカ、ウィスコンシン大学に運営本部がある。

Visiting Particle Physics ⑤

モノポール検出器

　モノポールは、岐阜県神岡鉱山内のスーパーカミオカンデなどで探索されているN極またはS極の磁荷のみをもつ素粒子（磁気単極子）である。

　この仮想的粒子は、陽子崩壊と同様、大統一理論（GUT）が予言している理論上の存在であるものの、これがみつからないと素粒子物理および宇宙論の前進が大きく阻まれる。

　モノポールは、宇宙誕生直後のインフレーションによってクォークとレプトンが生み出される以前の空間の「位相欠陥」とされている。すなわち宇宙の相転移の際の対称性の破れにともなって形成される磁荷をもつ点状の物体だという。しかしこれまでのところ、世界のどこの検出器でも検出されてはいない。

　最近、単極の磁荷をもつ物質が存在するらしいとする報告が科学誌サイエンスなどで報告された。それは“スピンアイス”と呼ばれる氷のような性質をもつ磁石（またはその逆）だという。これがモノポールと何らかの関連性をもつか否かはまったく明らかではない。

図5 モノポールの概念

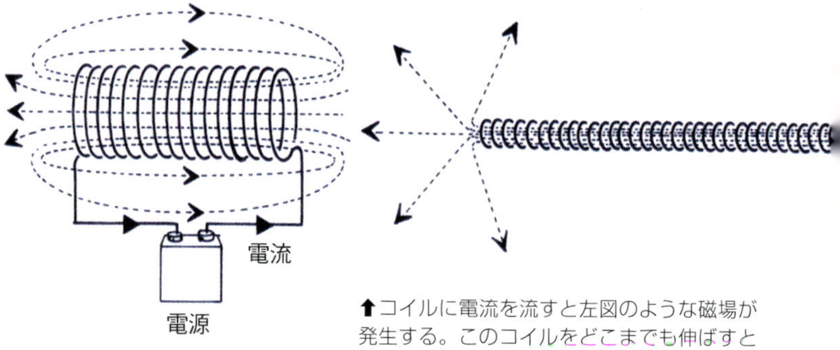

⬆コイルに電流を流すと左図のような磁場が発生する。このコイルをどこまでも伸ばすと（右図）、一方の端の磁場はモノポールの磁場と似てくる。

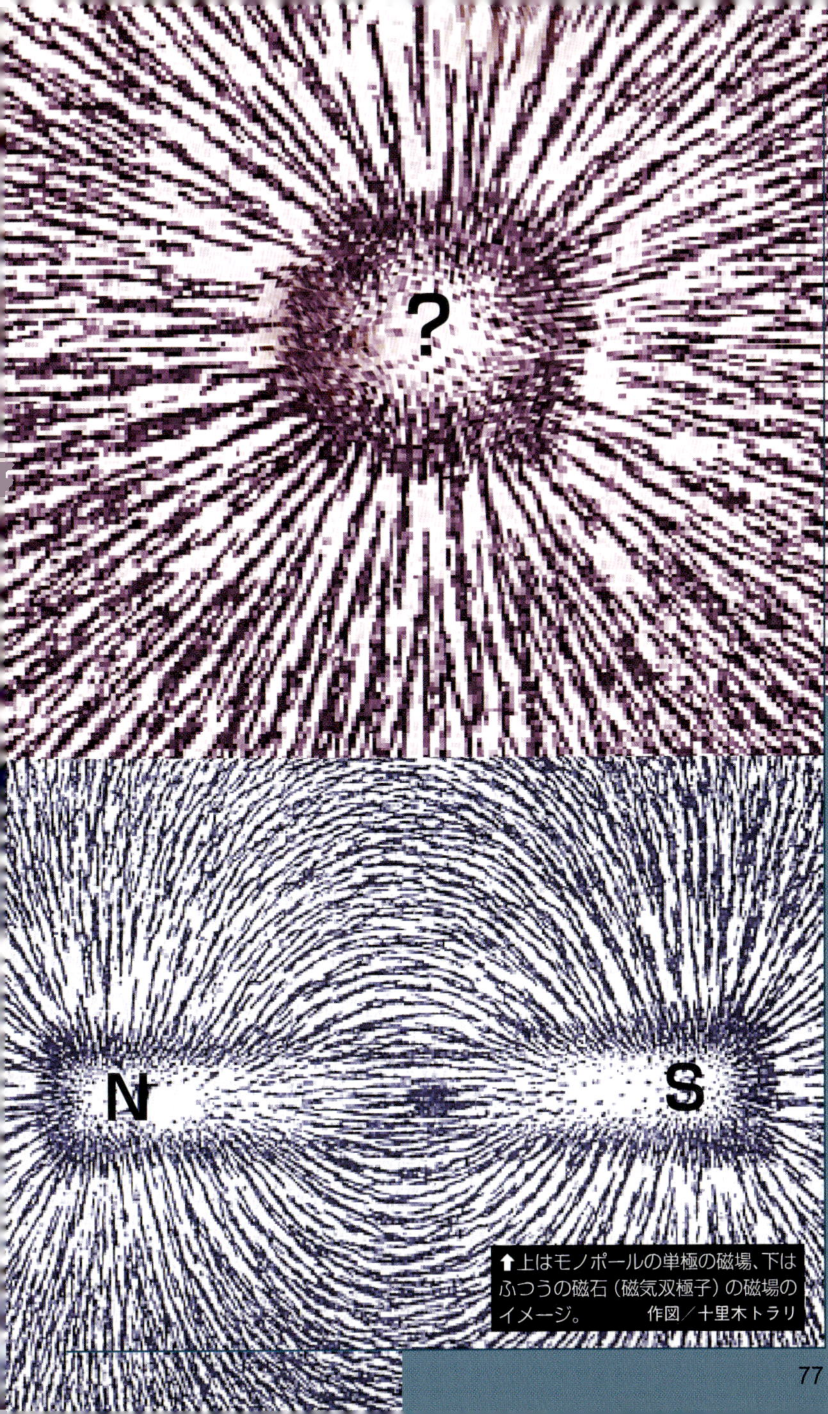

⬆上はモノポールの単極の磁場、下はふつうの磁石（磁気双極子）の磁場のイメージ。　作図／十里木トラリ

Visiting Particle Physics ⑥

加速器や検出器ができるまで

粒子加速器は一般社会とは無縁の科学実験装置のように見える。しかし実際には世界中のどこの家庭にも存在する――近年はしだいに見かけなくなっているが。それはCRT（カソード・レイ・チューブ。別名ブラウン管）を使用するテレビやコンピューターモニターである。

CRTは、真空中でカソード（陰極）から放出された電子を電磁石（の生み出す電磁場）で加速し、スクリーンに塗られた発光体に衝突させる。これは粒子加速器の原理そのものである。つまりどの家も1台は居間に加速器をもっている（もっていた）。

ただしテバトロンやLHCなどの粒子加速器が生み出すエネルギーはテレビの何百万倍、何千万倍である。ここでは、セルンのLHCをはじめとする巨大な粒子加速器の建設・建造現場を間近からのぞいて見ることにする。ちなみに、粒子加速器には直線状の線型加速器と巨大な円を描いている円形加速器があり、それぞれに有利・不利があるが、基本的な原理は共通している。

←加速器LHCの検出器アトラスを建造するための地下の掘削現場（2001年）。

⬆ＬＨＣの垂直トンネル（立坑）から双極子磁石をトンネル内に降ろす。この磁石は粒子加速チューブ内の磁場を均一に保つ役割をもっている。　写真／CERN

建造中のアトラス(1)

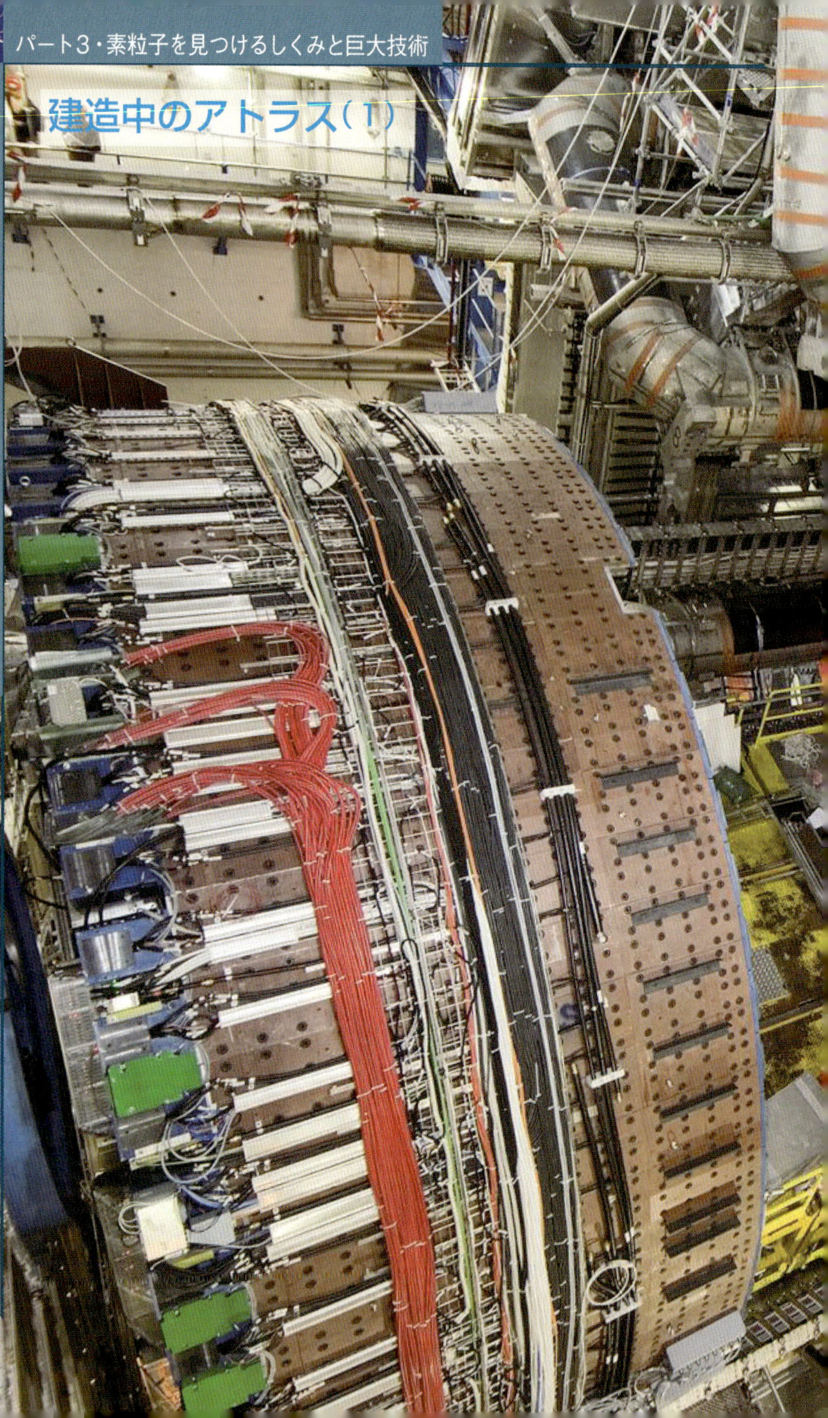

⬆LHCの検出器アトラスの建造風景。放射状に広がる筒状構造は８基の超伝導トロイダル磁石（コイル）で、アトラスを外側から円環状の磁場で包み込む。１基のコイルは幅５メートル、長さ 25 メートルで重量100 トン。他の超伝導磁石と組み合わされて陽子ビームの軌道を制御する。

写真／ Claudia Marcelloni, CERN

建造中のアトラス（2）

↑前ページの検出器アトラスの建造現場の中心部。８基の超伝導トロイダル磁石が取り囲むこの大空間にアトラスが設置される。中央下部に立っている人間の大きさから全体のスケールを想像することができる。
写真／ Maximilien Brice, CERN

Visiting Particle Physics ⑦

粒子加速器のしくみ

電子や陽子などの荷電粒子を電磁場によって高速まで加速し、それを細いビーム状に絞る装置。素粒子物理の実験、がんの破壊などの医療用に用いられている。

さまざまな方式があるが、現在世界最大の加速器は、本書でくわしく扱っているセルンのLHC（大型ハドロン衝突型加速器の略）で、1周27キロメートルあり、歴史上最大の科学実験装置でもある。

日本でも、素粒子物理の実験用加速器が、KEK（高エネルギー加速器研究機構。茨城県つくば市）などで運用されている。ここには「KEKB」と呼ばれる周長3キロメートルの電子−陽電子衝突型の円形加速器がある（161ページ写真参照）。

↑加速器ＬＨＣの接合部を外したところ。中心を貫通する加速チューブのまわりを超伝導磁石が取り巻いている様子がわかる。 写真・右ページ図／CERN

図6 加速器LHCの加速チューブの内部断面

位置照準
主四極子ブスバー
熱交換パイプ
超遮蔽壁
超伝導コイル
粒子ビーム
チューブ
真空容器
ビームスクリーン
補助ブスバー
断熱シールド
非磁性体カラー
鉄製ヨーク
双極子ブスバー
支持架台
∅914
∅1050
∅570
∅56

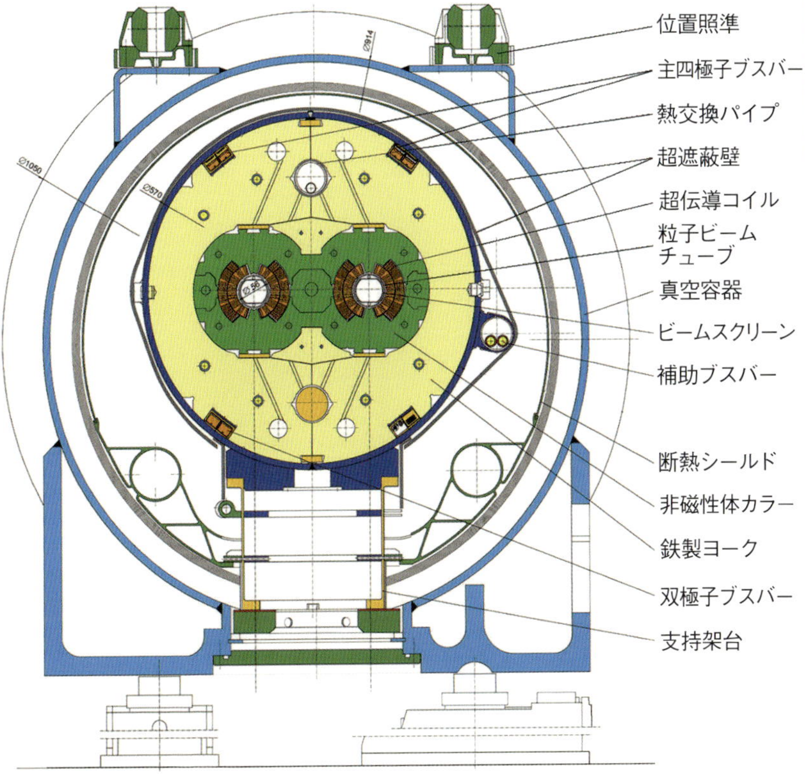

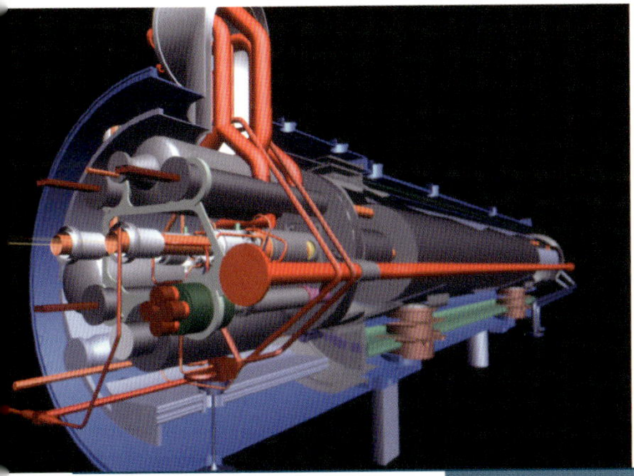

⬅LHC加速器の内部を示すCG。左ページの断面写真で見えていない部分を描いており、1周27キロメートルの加速器の大半がこのような構造になっている。

⬇アメリカのシカゴ郊外にあるフェルミ国立研究所の加速器テバトロンの夜景。テバトロンは周長6000メートルあまり、2011年にヒッグス粒子らしき新粒子を発見した。その後運転を終了し、セルンのより高エネルギーのLHCへと道を譲ることになった。

⬆テバトロンの加速チューブがむき出しになっている。この加速器はセルンのＬＨＣの発表（2012年7月4日）の前にヒッグス粒子を見つけていた可能性がある。

写真／Fermilab

⬆カナダの国立トライアンフ研究所のISACは世界最大のサイクロトロンで、直径18メートル、主電磁石だけで4000トンもある。いま上蓋を吊り上げて技術者が内部を点検している。この加速器は陽子ではなく水素のマイナスイオンを加速する。　写真／TRIUMF

●ヒッグス粒子レースで挫折

史上最大の加速器「SSC」の顛末

ヒッグス粒子発見の発表はスイスのセルンで行われた。しかしその場所はアメリカ、テキサス州のワクサハチだったかもしれなかった。というのも、かつてこの場所でセルンのLHCよりはるかに強力な加速器の建設が実行に移されていたからだ。

1990年代はじめ、ダラスの南に位置するワクサハチ周辺の広大な乾燥地帯の地下でトンネル掘削が進んでいた。それは全周が83キロメートルになるはずのきわめて長大なトンネルで

あった。このトンネルの中には、史上最強の超伝導磁石の大集団によって陽子を20TeV（20兆電子ボルト）まで加速する巨大な加速器が建造されることになっていた。

だが、17本の立坑とそこから水平方向に延びる22.5キロメートルのトンネルが掘られ、地上に5棟の“核戦争にも耐えられる”強靭なビルが建造されたところで、工事は中止に追い込まれた。理由は、建設費が当初計画の44億ドルから120億ドルに跳ね上がることが明らかとなり、ほぼ同時に進行していたNASAの宇宙ステーションの建設費と肩を並べるようになっていたことにあった。

このため建設中止を求める多方面からの声——とりわけ別の科学分野の研究者たちと彼らの代弁者となった連邦議会議員たちの批判——がいっきに高まった。そして1993年10月21日、すでに20億ドルが投じられたところで議会は中止の判断を下した。

ときのクリントン大統領はこの計画の重要性を説いたものの反対勢力に押し切られ、同じ月の31日、ついに計画中止を決定する大統領令に署名した。

その後トンネル跡地は管理者や所有者が次々に変わり、2012年には、周辺住民の反対の中、マグナブレンドという化学企業の所有となった。●

←1990年代、SSCの建設計画は地下と地上の両方で始まっていた。この写真は、巨大な工場で製造が始まっていたSSCの加速チューブ。だがこれらすべては廃棄される運命にあった。
写真／DOE

Visiting Particle Physics ⑧

粒子検出器のしくみ

ここでいう検出器は、加速器の中で加速された電子や陽子などの荷電粒子が衝突したときの反応（相互作用）をくわしく観測する巨大な装置である。

亜光速すなわち光に近いスピードで走る超高エネルギーの粒子どうしが衝突すると、それは破壊されて飛び散り、別のより質量の小さな複数の粒子に変わる（崩壊）。検出器はこの出来事のすべてを観測・記録する。

加速器の加速チューブを取り囲んでつくられるこの検出器はたいてい円筒形で、長さ数十メートル、重さは数百トンから数千トンにも達する。世界最大のセルンの加速器LHCの検出器——アトラス、CMSなど——は重量が7000～1万トンとビルや大型の船舶ほどもある。

これらの検出器の内部では、粒子飛跡検出器、チェレンコフ検出器、シンチレーション検出器、飛跡時間検出器、カロリメーター（熱量計）などさまざまな検出器がタマネギの皮のように重なっている。

←検出器の断面。中心の空洞に粒子ビームの走る加速チューブが入る。写真は旧加速器LEPの検出器アレフの一部で、LEPの解体後にスイスの博物館に展示された。

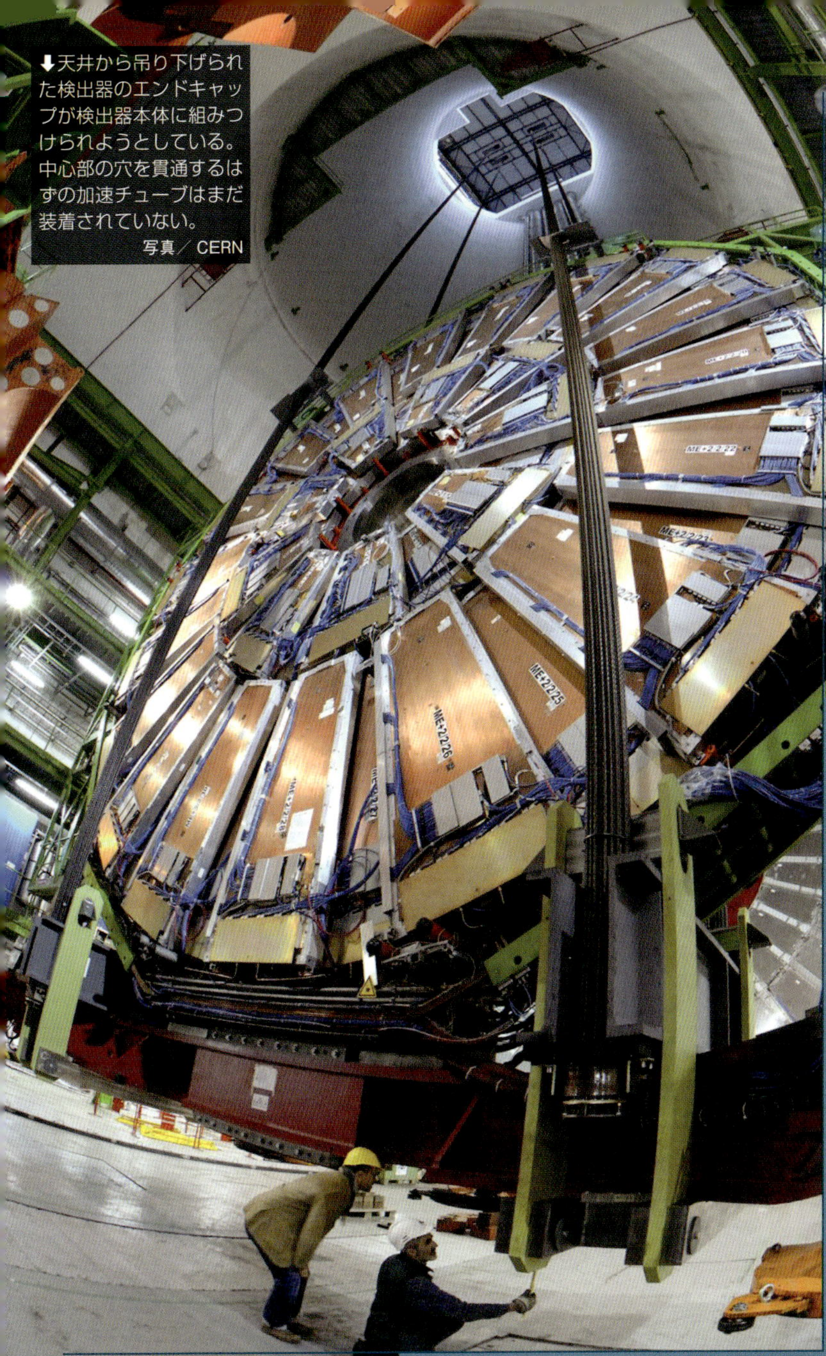

⬇天井から吊り下げられた検出器のエンドキャップが検出器本体に組みつけられようとしている。中心部の穴を貫通するはずの加速チューブはまだ装着されていない。
写真／ CERN

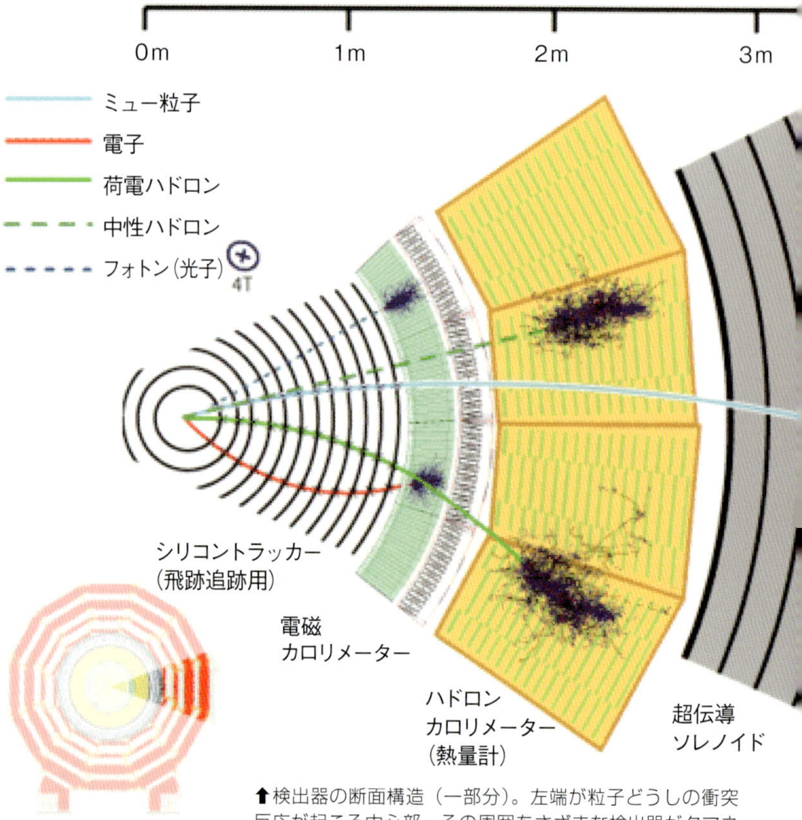

断面

⬆検出器の断面構造（一部分）。左端が粒子どうしの衝突反応が起こる中心部、その周囲をさまざまな検出器がタマネギのように層をなして重なっている。　資料／CERN

⬅完成した検出器の中心部に加速チューブが装着されている。

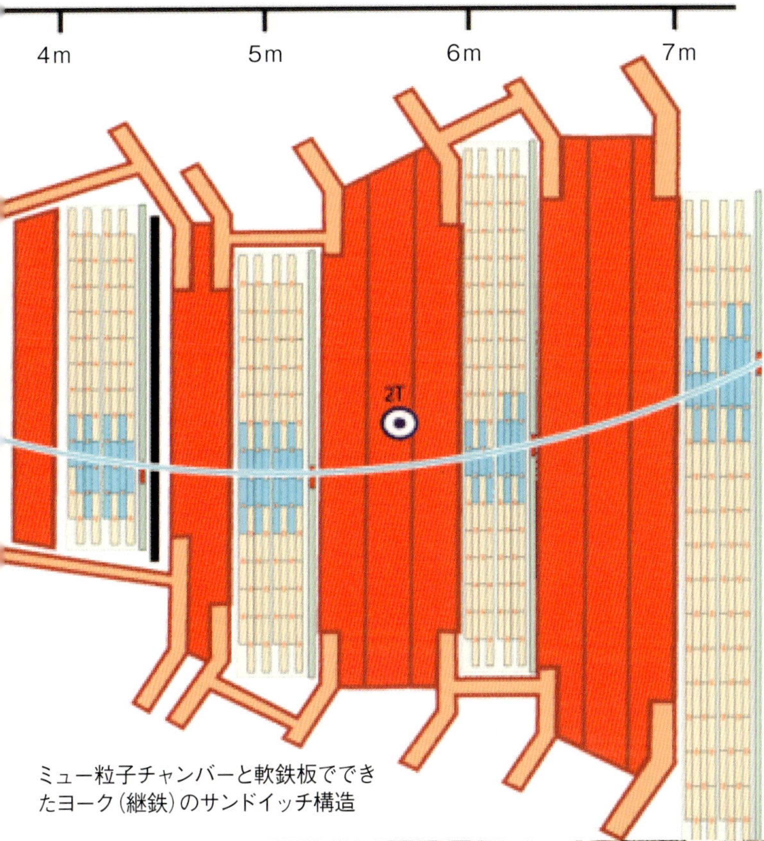

ミュー粒子チャンバーと軟鉄板でできたヨーク（継鉄）のサンドイッチ構造

➡LHCの検出器アトラスのカロリメーターを下から見上げる。高エネルギーの粒子や放射線のエネルギーを精密に測定する。

Visiting Particle Physics ⑨

素粒子の崩壊事象

素粒子物理学者たちがLHCのような巨大な加速器をつくって実験や研究をしなくてはならないのはなぜか？

それは、この世界をつくっている物質粒子などを除く大半の素粒子が、崩壊して1秒よりはるかに短い時間で別の粒子に変わる性質をもつためだ。

この場合、100万分の1秒でさえ永遠といえるほど長い時間である。ともかく多くの素粒子は1兆分の1秒のさらに1兆分の1かそれ以下しか存在しない。

多くの素粒子が誕生即崩壊するのは、それらがエネルギー的に不安定だからであり、少しでも安定状態に移行しようとして何度も崩壊する。そして最終的に安定した粒子になったとき崩壊は終了する。

素粒子物理とは、素粒子の質量に相当する巨大なエネルギーを生み出してこの崩壊を引き起こし、物質の本質に迫ろうとする科学ということができる。

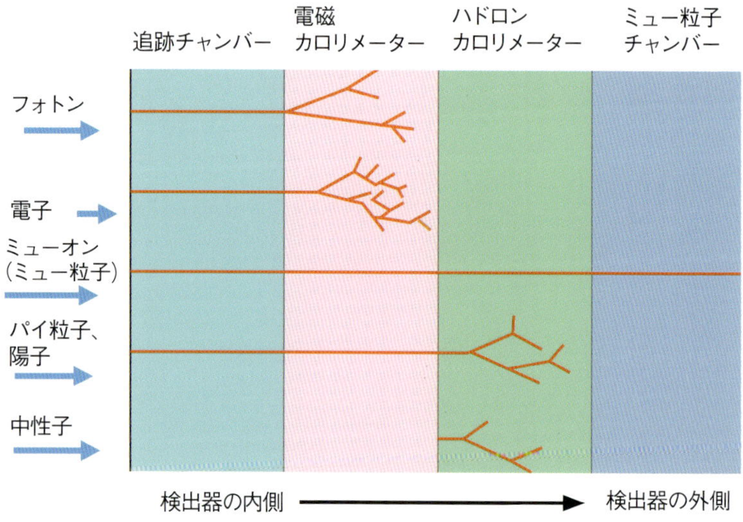

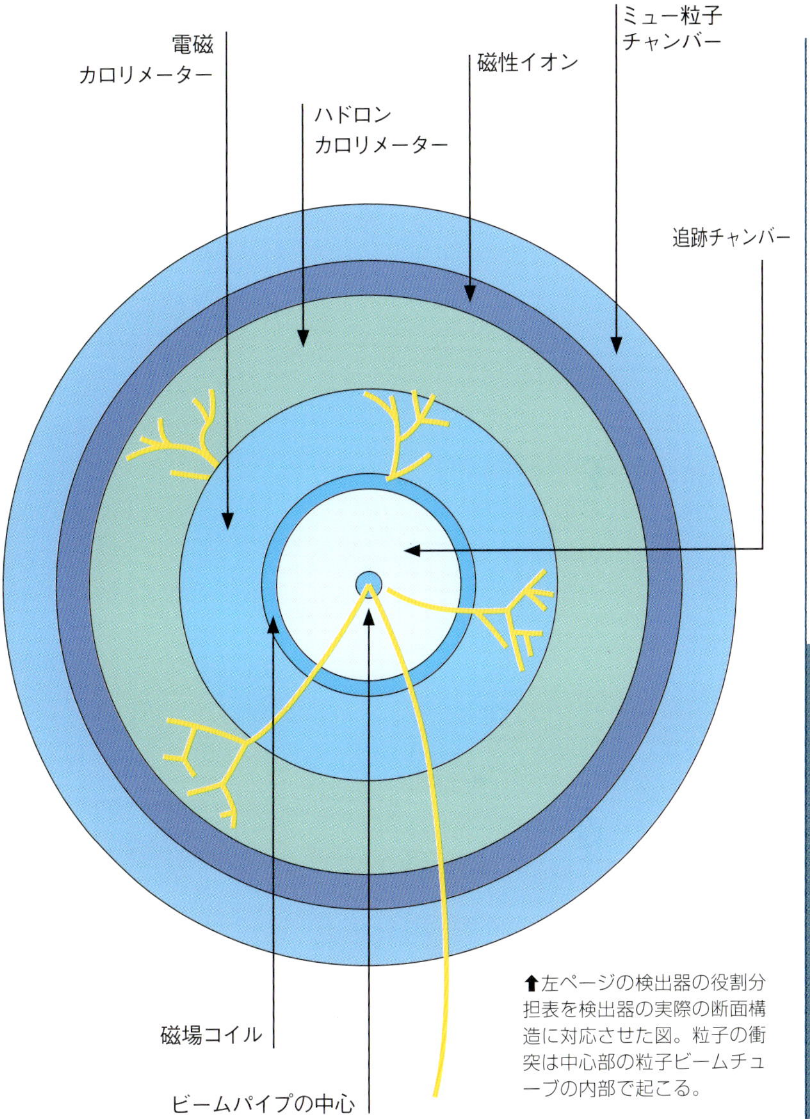

⬆左ページの検出器の役割分担表を検出器の実際の断面構造に対応させた図。粒子の衝突は中心部の粒子ビームチューブの内部で起こる。

⬅左ページの図は、セルンの加速器ＬＨＣの巨大な検出器が、素粒子の崩壊プロセスをどのように追跡するかを示している。崩壊から生じるフォトン（光子）と電子のエネルギーを測定する電磁カロリメーターの役割はとくに重要とされている。　参考資料／ Fermilab

Visiting Particle Physics ⑩

加速器を点検・整備する

　セルンのLHCは、2008年に運転を開始した直後に重大なトラブルを起こし、その後１年間運転停止となった。これは、現代の粒子加速器や検出器があらゆる最先端の科学技術の集大成であり、小さな技術的欠陥が巨大な装置すべてを運転不能にする実例となった。

　物理学者たちが計画通りに加速器実験に取り組めるか否かは、加速器や検出装置を構成するすべての装置や部品が完全に調和的にはたらかなくてはならない。それを可能にするのは、多数の専門知識と経験をもつ技術者たちである。彼らの貢献がなければ、ヒッグス粒子の観測をはじめとする素粒子物理の実験や検証はまったく不可能である。●

⬆セルンの加速器LHCのコントロールセンター。セルンが管理する８基の加速器はすべてこの部屋につながっている。

写真／CERN

➡（右ページ）上／粒子衝突を追跡するアトラス検出器の半導体追跡装置を点検する技術者。すべての作業は空気中の不純物などを除去したクリーンルームで行われる。下／超伝導磁石の冷却装置は、加速器に設置する前にここでテストされる。

MINUS Z SIDE

BICC

⬇加速チューブの組み立てと点検。この内部を走るチューブは、液体ヘリウムでマイナス271度Cに冷却された超伝導磁石が取り囲んでいる。
写真／ Brookhaven National Laboratory

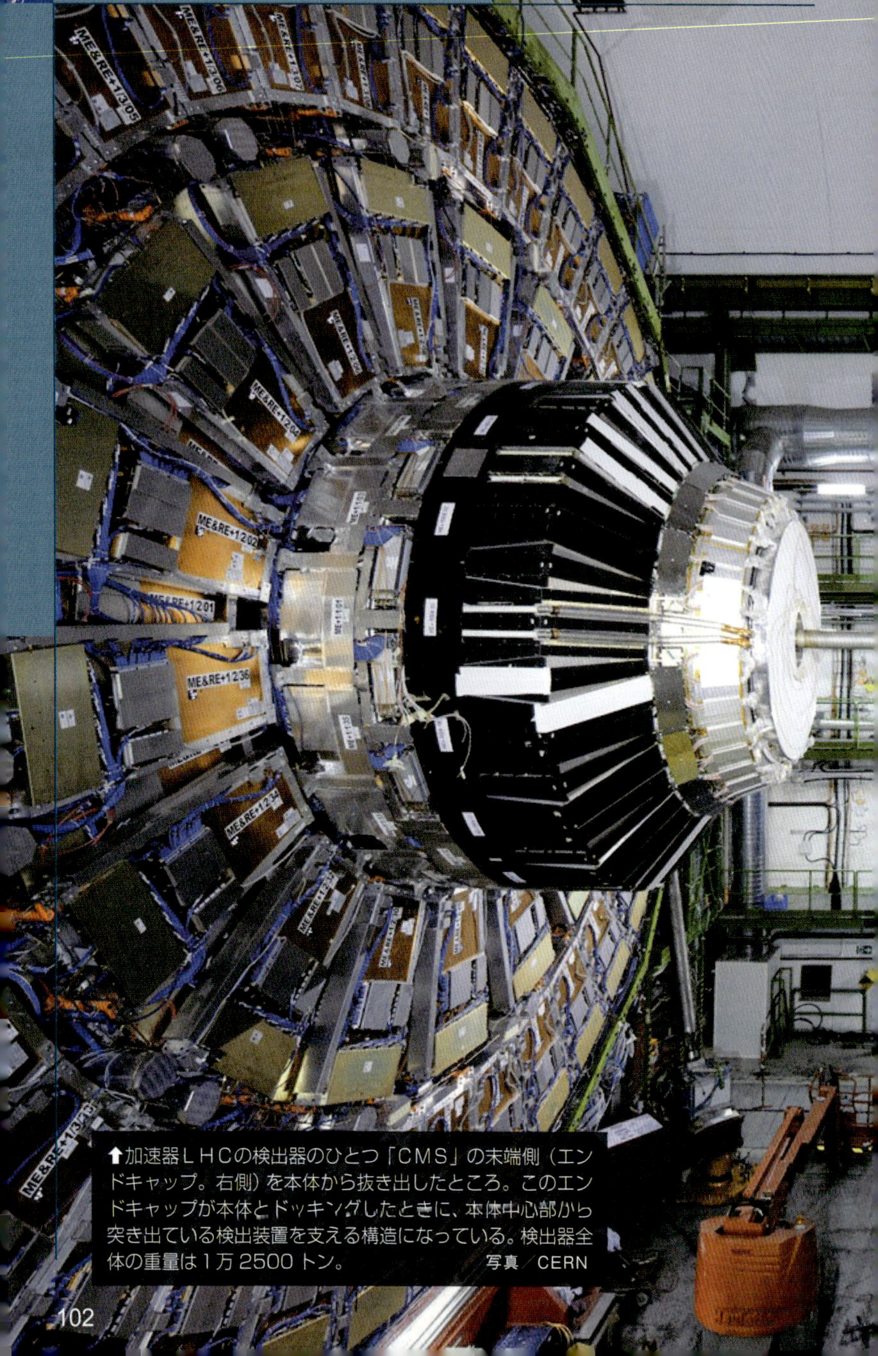

⬆加速器ＬＨＣの検出器のひとつ「CMS」の末端側（エンドキャップ。右側）を本体から抜き出したところ。このエンドキャップが本体とドッキングしたときに、本体中心部から突き出ている検出装置を支える構造になっている。検出器全体の重量は1万2500トン。　写真／CERN

写真／Maximilien Brice, CERN

⬅運転開始直後の2008年９月19日、ＬＨＣは電源トラブルが原因となって多数の超伝導磁石が破壊されるという事故を引き起こした。修理に１年を要した。

⬆上／ドイツの加速器ヘラの加速チューブがほこりやチリを遮断した空間で組み立てられている。下／こちらはセルンのLHCの加速チューブ組み立て風景。

写真／ DESY（上）、CERN（下）

Visiting Particle Physics ⑪

日本と世界の加速器

世界最強のセルンの加速器LHCは陽子を亜光速まで、すなわち光速の99.9999991パーセントまで加速することができる。これは秒速30万キロメートルの光速より1秒あたり3メートル遅いだけである。

加速器には、粒子を固定され

←ドイツの高エネルギー物理研究所DESY（デジー）の加速器ヘラ。
写真／Vincent Pál

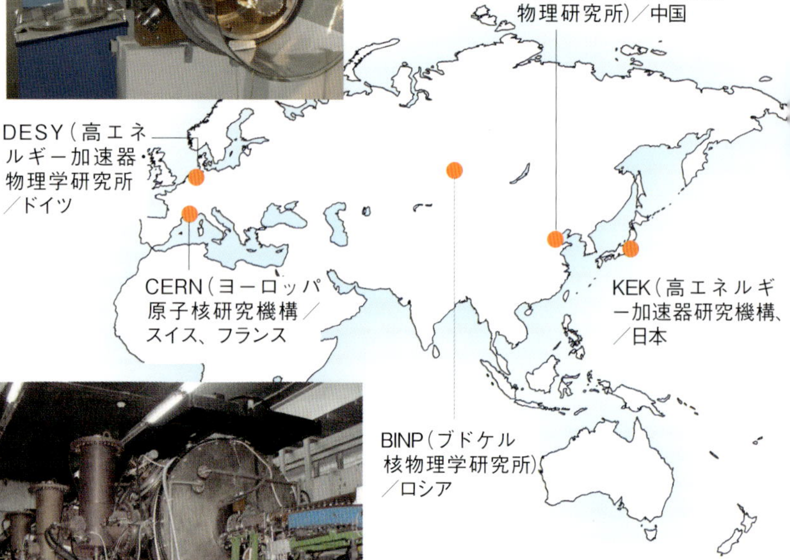

←ロシアのブドケル核物理学研究所の加速器VEPP-4。研究所の名称は加速器理論の先駆的物理学者アンドレイ・ブドケルに因んでいる。
写真／Budker Institute of Nuclear Physics

た標的に衝突させるものと、逆方向に走らせて検出器の中で正面衝突させるものがある。また加速チューブが直線状態のリニア方式と、円を描いている円形方式に分けることもできる。

現在の日本の素粒子研究用の代表的な加速器は、高エネルギー加速器研究機構（略称KEK。茨城県つくば市）が運転する1周3キロメートルの電子-陽電子衝突型加速器KEKB（ケックビー）である。

世界的に見ると、LHCの登場以前には、アメリカのフェルミ研究所のテバトロンやカリフ

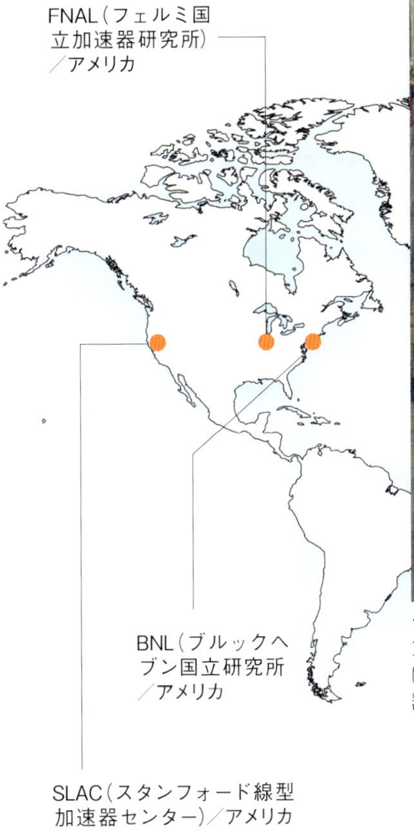

⬆ニューヨーク郊外にあるブルックヘブン国立研究所の加速器リック（RHIC）は世界でも数少ない重イオン衝突型加速器のひとつ。

写真／Brookhaven National Lab.

ォルニアのスタンフォード加速器センターのSLAC(スラック)、ドイツのヘラ(電子-陽子衝突型)などの大型加速器が活躍していた。が、すでに運用停止している。

ロシアや中国なども素粒子研究のための加速器を保有するが、エネルギーレベルはLHCには遠く及ばない。そこで、華々しさはないもののそれぞれ独自の研究に利用されている。

表1 おもな加速器施設

	国名/研究所	施設名	加速器の種類	おもな研究課題など
電子加速器	ドイツ/DESY(デジー)	HERA(ヘラ)	シンクロトロン、電子-陽子衝突型加速器	陽子の詳細構造、クォーク研究
	ロシア/BINP(ブドケル原子核研究所)	VEPP-4M	電子-陽電子衝突型	Y中間子の物理
	アメリカ/SLAC(スタンフォード線型加速器センター)	2-mile	電子-陽電子衝突型	PEPⅡの入射器、素粒子物理
		PEPⅡ	電子-陽電子非対称衝突型	CP対称性の破れ
	日本/KEK(高エネルギー加速器研究機構)	KEKB	電子-陽電子非対称衝突型	トリスタンの後継。CP対称性の破れ
	中国/IHEP(中国科学院高能物理研究所)	BEPCⅡ	電子-陽電子衝突型	建設中
陽子・重イオン加速器	スイス、フランス/CERN(セルン=ヨーロッパ原子核研究機構)	LHC	シンクロトロン、陽子-陽子衝突型	LEPの後継。ヒッグス粒子探索
		SPS	シンクロトロン	LHC入射器、素粒子物理
	アメリカ/FNAL(フェルミ国立加速器研究所)	テバトロン	シンクロトロン、陽子-反陽子衝突型	トップクォーク発見
	アメリカ/BNL(ブルックヘブン国立研究所)	RHIC	シンクロトロン、重イオン衝突型	クォーク-グルーオン・プラズマ、スピン物理
	日本/KEKおよび日本原子力研究開発機構	J-PARC	シンクロトロン、大強度陽子加速器施設	建設中。最先端科学研究、高エネルギ核物理

参考資料/文部科学省

⬆カリフォルニアのスタンフォード線型加速器センター（SLAC、通称“スラック”）の世界最長の線型加速器の地上風景。全長3.2キロメートルで“世界でもっともまっすぐな物体”などと呼ばれる。地下10メートルの深さをハイウェイ280号線の下を貫通している。

⬆アメリカ、ローレンス・バークレー国立研究所で建造中（1950年代）の初期の巨大加速器ベバトロンの検出器。陽子を固定標的に衝突させる方式だった。写真は遮蔽ブロックのない状態で、内部がむき出しになっている。

写真／Lawrence Berkeley Nat'l Lab.

⬅ブルックヘブン研究所の最新の加速器 RHIC（相対論的重イオン衝突型）の検出器フェニックス。⬆同研究所の研究者が作成した陽子の内部構造のCG。
写真／ Brookhaven National Lab.／DOE

⬆ニューヨーク郊外にあるブルックヘブン国立研究所で 1980 年代に活躍した加速器。⬅この奇妙な外見の装置はコッククロフト・ウォルトン型ジェネレーターと呼ばれる高電圧を生み出す回路。かつてはこれを使って粒子加速器に高電圧を供給した。現在もさまざまな分野で利用されている（撮影はいずれも筆者矢沢）。

パート4 *The Particle Adventure*

究極の物質と真の素粒子を求めて

究極の物質と素粒子の世界を追い求めてきた
人間の知的探求の足跡をもういちど辿ってみる。

写真・イラスト：CERN／Fermilab／AIP/Niels Bohr Library／NASA, ESA, P. Challis and R.Kirshner（Harvard-Smithsonian Center for Astrophysics）／The Hubble Heritage Team（AURA/STScI/NASA）／Nobel foundation／Tomo.Yun（http://www.yunphoto.net）／Betsy Devine／Peter nussbaumer／Michael／Prolineserver／Brianzero／細江道義／矢沢潔

The Particle Adventure①

物質は何からできているか

万物の根源は共通

われわれが地球上に立ってあたりを見回すと、そこにはひとつとして同じものはないように思える。多種多様な動植物や目に見えないほど小さな微生物、そしてそれらを取り巻く山河や広大な海――。しかもそれらはたえず姿形を変え、ひとところに留まることがない。

しかし、古代ギリシアの哲学者たちは、われわれの生きる宇宙を移りゆくものとは考えなかった。宇宙に存在する物質も生物も、姿形は違えども、それらを形づくる“もの”の根源は同一だと見ていたのである。

↓物質をどこまでも細かく砕いていくと、素粒子が見つかる？

小さな卵が幼虫からサナギへ、そしてチョウへと生まれ変わるように、物質も生物も変転はすれども本質は変わらないとしたのだ。とはいえ、その本質についての見方は一致しなかった。

ある哲学者は「万物の根源は水である」と論じ、別の哲学者は「それは違う、火だ」と主張した。「火、水、土、空気」はどれも哲学者たちの心をつかみ、それらを万物の根源とする哲学者は少なくなかった。

その中で、この宇宙をよりシンプルにとらえたのが、紀元前５世紀頃に活躍したデモクリトス（左ページ下図）である。

不可分の“アトム”とは？

デモクリトスは、人間が住むこの宇宙のすべての物質はつぶ状の“アトム（原子）”からつくられていると考えた。アトムとは不可分、すなわちそれ以上切り分けることができない“究極の粒子”である。つまりいまでいう素粒子である。

←⬇古代ギリシアの哲学者たちは、万物は生々流転するものの本質は同一とみなし、万物の根源は火や水、土、空気などだと考えた。
写真／NASA, etc.

⬇デモクリトス（右の胸像）は、アカデメイア（下）を創設した哲学者プラトンと同時期に生きたが、プラトンが万物の存在の中枢として“イデア（理想的実在）”という概念を置いたのに対し、デモクリトスはアトムという不可分な粒子を万物の根源と考えた。

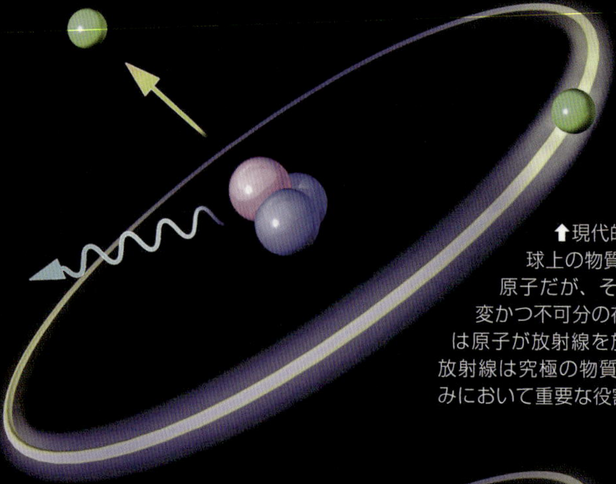

⬆現代的な見方では、地球上の物質を形づくるのは原子だが、その原子も永遠不変かつ不可分の存在ではない。図は原子が放射線を放出するようす。放射線は究極の物質を探る初期の試みにおいて重要な役割を果たした。

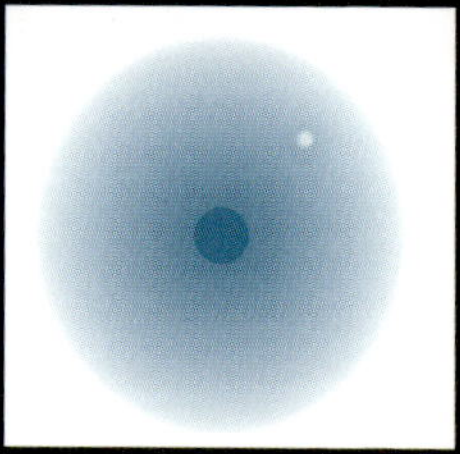

⬆➡原子は原子核とその周囲をめぐる電子からできている。現代物理学では、電子の位置と運動の両方を同時に知ることができないため、電子は雲のように表される。

イラスト／細江道義

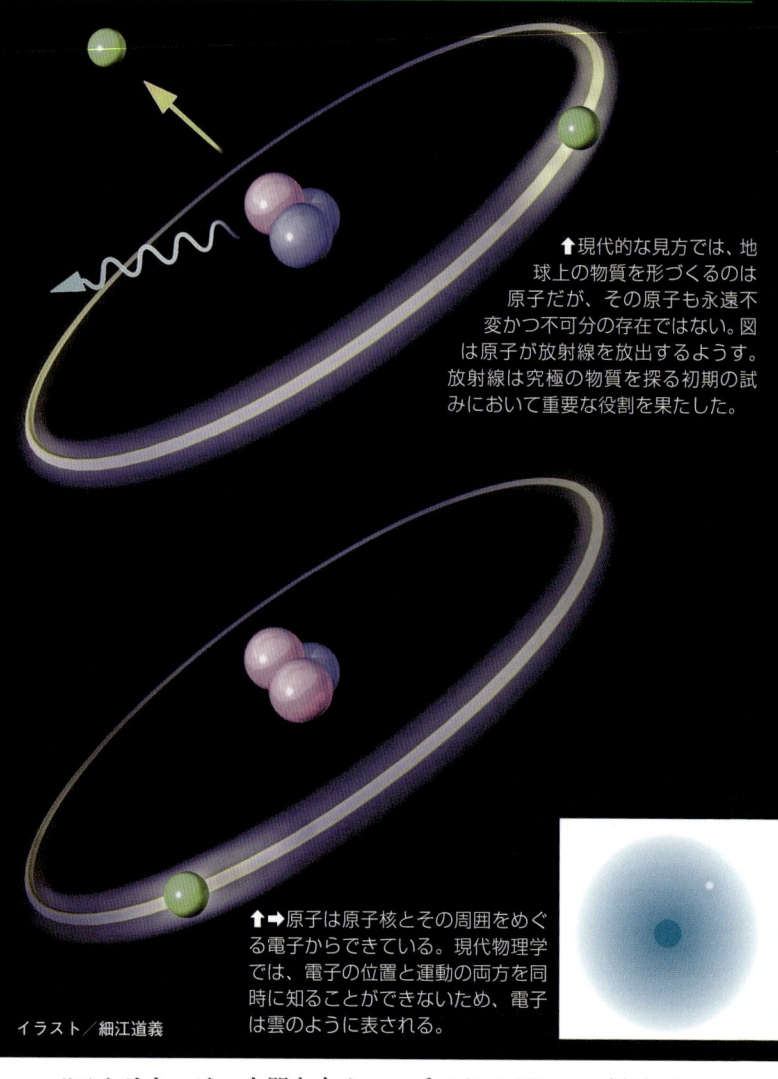

デモクリトスは、人間も含めて森羅万象は、この究極の粒子アトムが何もない空間、すなわち真空をとびまわることによって生じるとしていた。連続性を重んじるギリシア哲学ではこの見方は受け入れられなかったものの、現代物理学の基本的な立場は、25世紀前のデモクリトスの思想を受け継ぐものと言うこ

↑→19世紀半ば、イギリスの物理学者・化学者ウィリアム・クルックスは真空放電管を発明し、はじめて電子が生み出す光を観測した。

↑1897年、J・J・トムソンは原子の中に電子を発見、これによって原子を素粒子と考えていた当時の見方が誤りであることを示した。トムソンは1906年にノーベル物理学賞を受賞した。

とができる。

“原子”という基本粒子

では、現代の物理学の目で見た物質はいったい何からできているのか？

18世紀のヨーロッパの自然科学者たちは、物質は小さな粒子がたくさん集まってできていることを見いだした。彼らはこれらの粒子を“アトム(原子)”と呼んだ。原子にはさまざまな種類があり、それらを結合させると、新しい性質をもつ別の物質(分子)が生まれるのであった。

しかし、このアトム（以下原子と呼ぶ）はデモクリトスのアトムではない。デモクリトスのアトムは不可分のはずだが、原子は「原子核」とそのまわりの「電子」の雲からなっている。つまり原子は不可分ではなく、いくつかの構成要素をもっている。

そして後者の電子は原子よりはるかに小さく、もっとも身近な素粒子であると同時に、人類がはじめて発見した素粒子でもある。

誰が電子を発見したのか？

19世紀半ば、イギリスの科学者ウィリアム・クルックスは、ほぼ真空にしたガラス管内で電極を熱すると、管の端に緑色の幻想的な光が現れることに気づいた。

そして時代が20世紀に移る直前、同じくイギリスの高名な科学者J・J・トムソンは、この光を生み出しているのは、原子よりはるかに軽くて小さな粒子であることを示した。マイナスの電気をもつこの粒子は“electron（エレクトロン、電子)”と呼ばれることになった。

まもなくさまざまなモノを熱すると、どんな気体からも、そしてどんな金属からも電子がとび出してくることがわかった。ということは、どんな原子にも電子が含まれているのではないか——

こうして20世紀はじめには、原子は不可分な粒子ではないことが明らかになった。原子は素粒子ではなかったのである。

用語解説 **エレクトロン**：トムソンははじめこの粒子に“コーパスル”と命名したが、後にエレクトロン（電子）と呼ばれるようになった。相対性理論と量子力学の両方を満たす。

ドルトンの原子説

Column

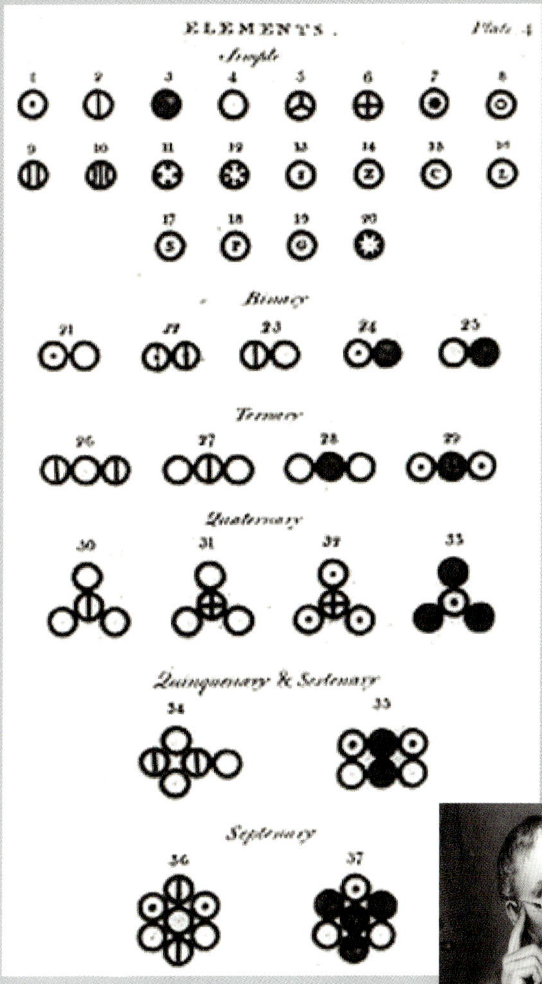

⬅⬇ 1808年にイギリスの科学者ジョン・ドルトン（下写真）は、さまざまな元素をつくる原子や分子について考察し、それを自らこの図のように描いて分類した（ドルトンの原子説）。

The Particle Adventure②

原子の構造を探る

ブドウパンか土星か

物質をつくっている究極の物質、それ以上分割することのできない最後の粒子を「素粒子」と呼ぶ。この世界はすべからく素粒子でつくられているはずである——こうした見方が素粒子物理の出発点となった。

素粒子を探し求める近代の科学研究は、さまざまな粒子を高速で衝突させる実験の歴史でもある。そして、原子の構造を模式的に理解しようとする「原子モデル（原子模型）」の探索もまた、粒子の衝突実験から誕生した。

原子がそれ以上分割できない素粒子ではないことが明らかになったとき、では原子はどんな構造をしているのかが問題になった。原子は、電子とプラスの電気（正の電荷）をもつ他の何かからできているらしい。では電子は、原子の内部でどのように配置されているのか？

電子の発見者である前記のJ・J・トムソンは、電子はブドウパンの中の干しブドウのように、原子内に一様に散らばっていると考えた。これに対してフランスのジャン・ペランや日本の長岡半太郎は、正の電荷をもつ球体のまわりを電子がリング状に取り巻いていると考えた。これは「土星型原子モデル」と呼ばれた。

図1 原子モデル

⬇左はJ・J・トムソンのブドウパン型の原子モデル、中は長岡半太郎らの土星型原子モデル、右は実験から導いたラザフォードの原子モデル。

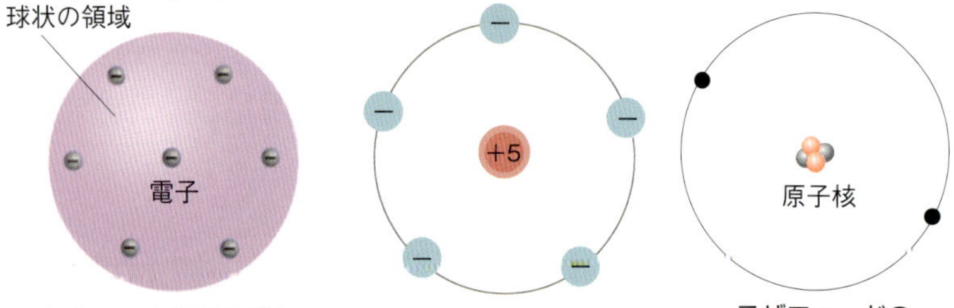

トムソンの原子モデル　　長岡の原子モデル　　ラザフォードの原子モデル

図2 ボーアの原子モデル

⬇1911年、ニールス・ボーアが提出した原子モデル（ボーア・モデル）。電子のエネルギーが“量子化”されていると考えた。このモデルは現在の原子モデルの基礎をなしている。

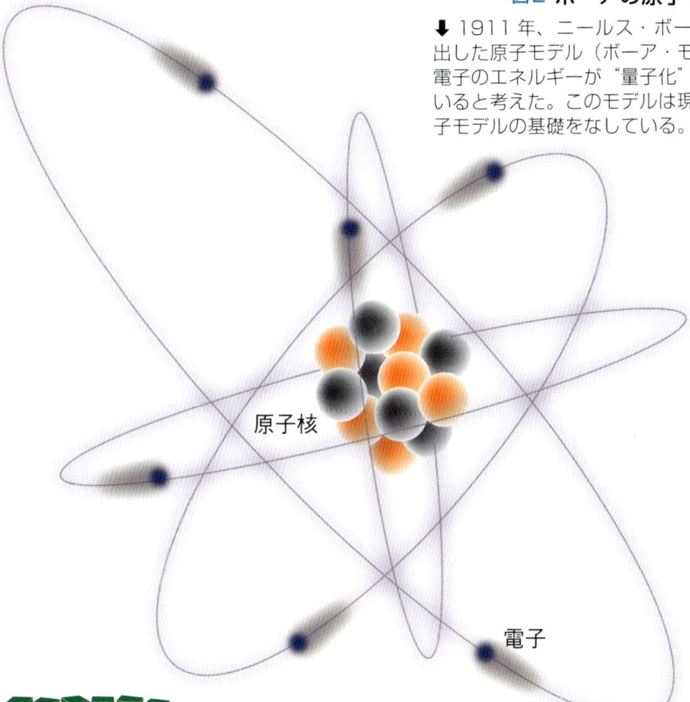

column

アーネスト・ラザフォード
(1871〜1937年)

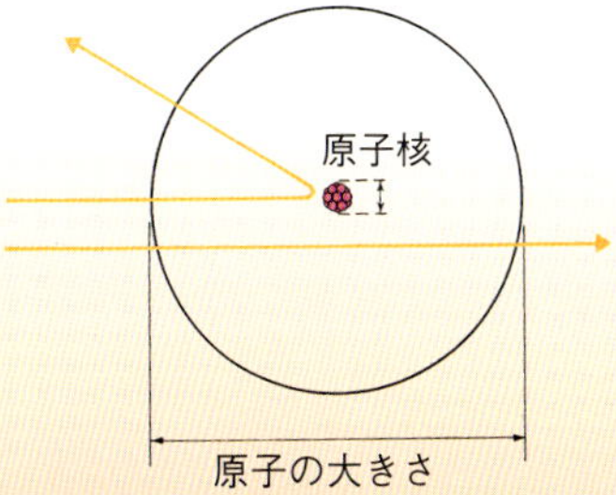

⬅⬆1911年、ラザフォード（左）は金の薄膜にアルファ線を衝突させる実験を考案した。この実験は原子の中心に非常に小さい原子核があることを明らかにした。

写真／AIP

ニュージーランドで育ったアーネスト・ラザフォードは修士号取得後イギリスに渡り、電子の発見者J. J.トムソンに師事した。彼は放射線に種類があることを見いだし、さらに元素の崩壊説を発表して1908年にノーベル化学賞を受賞した。

その後も実験から原子核の存在を示したほか、人工的に原子核反応を引き起こすなど大きな業績をあげた。後進の指導にも力を注いだことで知られ、“核物理学の父”と呼ばれている。

そこで1911年、イギリスのアーネスト・ラザフォードは世界ではじめて、実際に原子を衝突させる実験を試みた。原子に別の粒子を高速で衝突させ、粒子がはね返る様子を観察したのだ。ラザフォードはこれによって原子の構造についてのヒントが得られると考えた。

彼は自分の助手と学生に頼んで、当時発見されてまもないアルファ粒子（ヘリウムの原子核）を金の薄膜にむけて加速し衝突させた。すると、アルファ粒子のほとんどは直進して金属を貫通したが、ごく一部は金属にぶつかるとそこではね返り、進路を大きく反らされることに気づいた。これは、原子の内部に電子が一様に分布しているとするトムソンの原子モデルでは説明がつかなかった。

おそらくは、プラスの電気を帯びたアルファ粒子の一部が金をつくっている原子の内部を通過するとき、その原子核（やはりプラスの電気をもっている）と電気的に反発し合ってはね飛ばさ

用語解説 **アルファ粒子**：重い放射性元素が崩壊するときに放出する放射線の一種。実体は高エネルギーのヘリウム原子核であり、２個の陽子と２個の中性子からなる。

column

陽子と中性子の発見

「高スピードの粒子を原子にぶつける」――この手法によってラザフォードは原子核を発見しただけではなかった。1919年、彼は窒素ガス中にアルファ粒子を打ち込むと、別の粒子が原子からとび出すことを見いだした。この粒子こそ原子核を構成する「陽子（プロトン）」であった（この実験は最初の人工的な核反応でもあった）。

さらにラザフォードは、原子核には陽子以外にも中性の粒子が存在すると推測した。そこで門下生ジェームズ・チャドウィックは、ベリリウムに強いアルファ線を当てると発生する放射線についてくわしく調べた。そして1932年、これが陽子とほぼ同じ質量をもつ中性の粒子であることを示した。これが「中性子」である。

➡チャドウィック（1891～1974）。イギリの物理学者。中性子の発見により1935年にノーベル物理学賞を受賞した。

図3 素粒子の大きさ

⬇素粒子には一般的な意味で大きさ（直径）といえるものはない。素粒子には表面や縁がなく、せいぜいその粒子の占める領域があるだけだからである。その領域も人間が想像できる小ささの限界をはるかに超えている。したがって下記はイメージ的な大きさ。

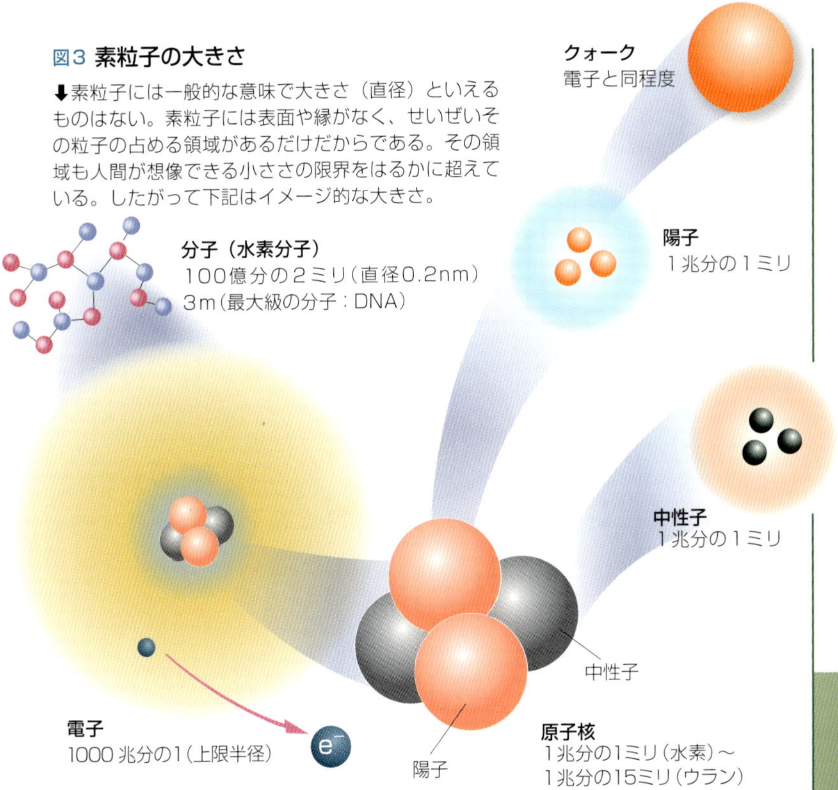

れたのであろう――

原子はスカスカ？

この実験からラザフォードは、原子の内部はスカスカであり、中心部のきわめて小さな領域に原子の質量の大半を担う何かが存在すると考えた。この何かは“原子核（atomic nucleus）”と名づけられた。そしてラザフォードは、電子はこの原子核の周囲を大きくとりまいていると推測した。

だがそこからが問題であった。プラスの電荷をもつ原子核とはいったい何なのか？

こうしてふたたび衝突実験が繰り返された。そこから得られた結論――それは、原子核は、プラスの電荷をもつ「陽子（proton）」と、ほぼ同じ質量だが電荷をもたない「中性子（neutron）」でできているというものだった。

The Particle Adventure③

失敗した素粒子モデル

3種類の粒子ですべて解決

この世界をつくっているあらゆる物質は、電子、陽子、中性子という3種類の粒子からできているという見方は非常にシンプルであり、科学者にとって大変魅力的に映った。

これらに加えて、物質どうしの間にはたらく電力や磁力、それに重力を明らかにすれば、物質の世界はすべて理解できるに違いない――一時はたしかにそのように思えた。

だがすぐに、さまざまな疑問が生じてきた。プラスの電荷をもつ陽子と電荷をもたない中性子がなぜ結合して原子核をつくり、安定していられるのか？

それらは互いに反発し合ってばらばらになるはずではないのか？

別の疑問もあった。原子はアルファ線やベータ線のような放射線を放出して別の原子に変わることがあるが、いったいなぜそのような現象が起こるのか？

このとき原子核の中でどんな変化が起こっているのか？　これらの現象は、陽子、中性子、電子という3種類の粒子どうしの間の単純な相互作用だけではとうてい説明できそうになかった。

湯川秀樹の「中間子」の登場

これらの問題にひとつの解決策を提供したのが、日本の理論物理学者湯川秀樹であった。1934年（昭和9年）のことだ。

湯川は、陽子と中性子が未知の粒子を交換していると考えた。この交換によって陽子と中性子の間には互いに引き合う力がはたらき、それによって原子核はひとつにまとまることができるというのである。

理論的に予測されたこの粒子は「中間子（meson）」、そして

用語解説　**ベータ線**：ある種の放射性元素の原子核が自然崩壊するときに出す粒子線（放射線）。その実体は高速度の電子である。

図4 中間子

⬇中間子（メソン）はクォークと反クォークからなる粒子。原子核の内部ではパイ中間子が陽子と中性子の間で交換されることにより力を媒介している。

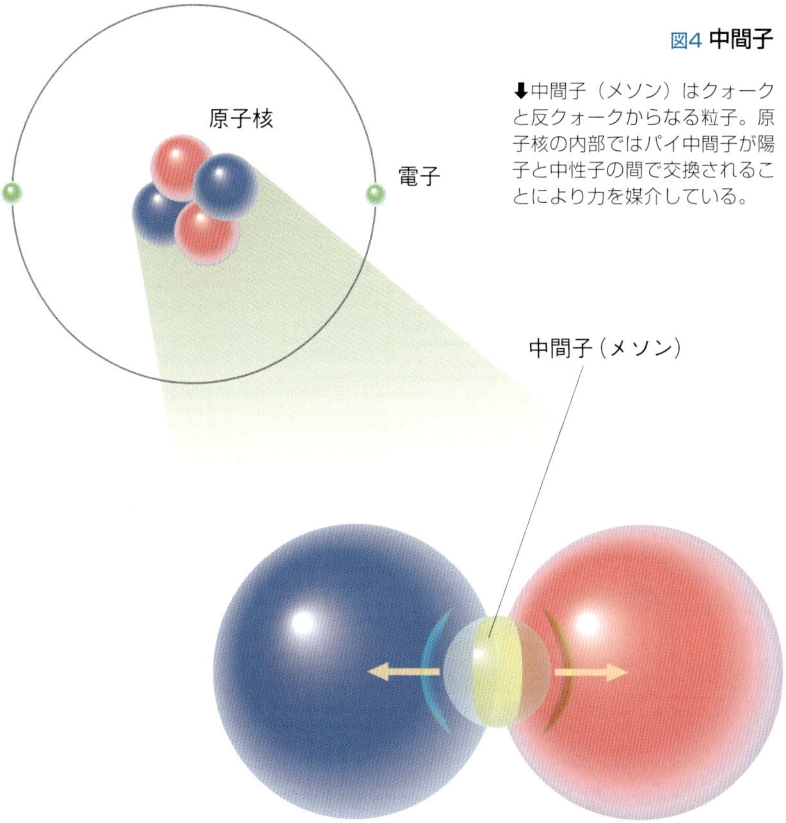

表1 中間子の種類

名　称	クォークの組み合わせ	電荷	質量 GeV/c^2	スピン
パイ中間子	$u\bar{d}$	+1	0.140	0
K中間子	$s\bar{u}$	−1	0.494	0
ロー中間子	$u\bar{d}$	+1	0.776	1
B中間子	$d\bar{b}$	0	5.279	0
イータ中間子	$c\bar{c}$	0	2.980	0

⬆中間子はクォークと反クォークの組み合わせからなり、数百種類が知られている。表は代表的な中間子。

column

湯川秀樹

⬆湯川秀樹。1949年にノーベル物理学賞を受賞した。　写真／AIP

湯川秀樹（結婚前の姓は小川）は地理学者の息子として生まれた。高校時代には構築されつつある量子論に興味を抱き、書店で洋書を読んで学び、京都大学でも理論物理学を専攻した。

戦前戦後の情報も物資も不足した時代に湯川は留学しなかったが、1934年、湯川は原子核内の陽子と中性子を結びつける力について深く考察し、中間子の存在を予言した。ちなみに高校・大学の同級生には後年ノーベル物理学賞を受賞する朝永振一郎がおり、たがいに刺激を与え合っていたという。

引きつけ合う力は「強い力」(強い核力、強い相互作用ともいう)」と呼ばれるようになった。

ちなみに中間子の名は、質量が電子より大きく、核子（陽子と中性子）よりは小さい中間の粒子という意味である。

しかし、粒子どうしが別の粒子を交換することによって力が生じるというこの見方は、湯川秀樹の完全なオリジナルではない。

量子力学を建設した巨人たち——ヴェルナー・ハイゼンベルク、ヴォルフガンク・パウリ、ポール・ディラックなど——によって1920～30年代にかけて確立されつつあった「場の量子論」によれば、電磁気力もまた粒子の交換によって生じる力とされた。

このように、粒子どうしの間で交換され、力として作用する粒子はいずれも「ゲージ粒子」と呼ばれていた。英語のゲージ(gauge）は、物差しとか尺度を意味する。

1937年、宇宙から地球に降り注ぐ宇宙線の中から中間子とおぼしき粒子が発見された。この粒子は湯川の予測した中間子ではなかったものの、少なくともこれによって、宇宙に存在する素粒子は3種類だけではないことが明らかになった。

まもなく真の中間子も見つかると、次々と新しい粒子が発見されるようになった。

The Particle Adventure④

“パーティクル・ズー”の時代

生まれては消える素粒子たち

地球の大気には、宇宙から飛来した素粒子や電磁波がたえず超高速で降り注いでいる。太陽の表面の爆発（太陽フレア）によって生じた陽子や、はるか遠くで起こった超新星爆発で周囲の宇宙空間にまき散らされた粒子、100億光年もの彼方からやってくる超高エネルギーのガンマ線などである（129ページ図５参照）。

これらの１次宇宙線は地球の大気と衝突し、その衝撃によってさまざまな新しい粒子（２次宇宙線）を生み出している。

こうした宇宙線は人間の目にはまったく見えないものの、地球表面にたえず大量に降り注いでおり、われわれの体にも衝突したり貫通したりしている。

1946年にイギリスの２人の物理学者が、地球の大気圏に突入した宇宙線が２つに分かれ、逆Vの字を描いて落下する現象を観測した。彼らはこれを見て、未知の粒子が崩壊して別種の粒子に変わったのだと推測した。

宇宙から地球にやってきたこれらの粒子は、ストレンジ粒子とかV粒子と呼ばれた。そしてくわしく性質を調べられたそれらの粒子は、K粒子（K中間子）、ラムダ粒子、シグマ粒子などと名付けられた。

何百種類もの新粒子

他方で、ディラックやパウリが予言した理論上の新粒子ニュートリノや反粒子も見つかった。これらが実際に存在するかどうかについては当時の物理学者の多くが疑問視していたものだ。

新しい粒子の発見はこれで終わりではなかった。研究者たちは、それまでのように自然界で粒子を観測するだけではなく、宇宙でいま起こっているであろう、あるいははるか昔に起こったかもしれない超高エネルギー現象を地上で再現しはじめたのである。

つまり、粒子加速器で粒子を

とてつもない速度まで加速し、それを衝突させて新しい粒子を生み出すというものだ。

前述のように、粒子を衝突させてその性質を調べる研究は歴史が古く、すでにラザフォードの原子核発見でもこの方法がとられている。19世紀末には粒子衝突によってX線も発見された。

しかし、新たにつくられるようになった実験装置（粒子加速器）の規模と性能は、それまでとは桁違いであった。それはいわば、手回しの機械式計算機と大型コンピューターの違いのようなものだ。

サイクロトロンやシンクロトロンといった電磁気的に粒子を加速する装置が次々に登場し、その規模は急速に大型に、そして高エネルギーを実現できるようになっていった。

1930年前後には数十万電子ボルトだった加速エネルギーは、1950年代には数億電子ボルト、1960年には300億電子ボルトまで粒子を加速できる装置が登場した。文字通り桁違いの高性能化である。

こうした加速器の大型化とともに、オメガ粒子やパイ粒子など、それまでとは質量や荷電数の異なる新しい粒子が次々に発見されていった。

宇宙を形作っているもっとも基本な粒子、すなわち素粒子を追い求めていた物理学者たちは、この事態に驚き、かつ当惑した。だが彼らの困惑をよそに、新粒子の発見はとどまるところを知らないように見えた。

その数はついに何百種類にも達し、物理学者たちは冗談交じりにしかし深刻に、「これはもはやパーティクル・ズー（粒子の動物園）だ」と嘆いた。1960年代後半のことである。

素粒子とはいったい何なのか？　次々と姿を現すこれらの粒子は本当に素粒子なのか？——数々の疑問が物理学者たちの間に広がり始めていった。

用語解説 **現代のパーティクル・ズー**：現代のパーティクル・ズー：最新の超対称性理論は新たなパーティクル・ズーを予言している。ニュートラリーノ、チャーギーノ、フォティーノ、ウィーノ、ジーノ、ヒッグシーノ等々だが、どれも観測されてはいない。

➡太陽や銀河系外からやってくる宇宙線は、地球大気と衝突すると2次粒子や3次粒子の“空気シャワー”（図下）を生み出す。これらの一部は地上にも到達する。

図5 宇宙線

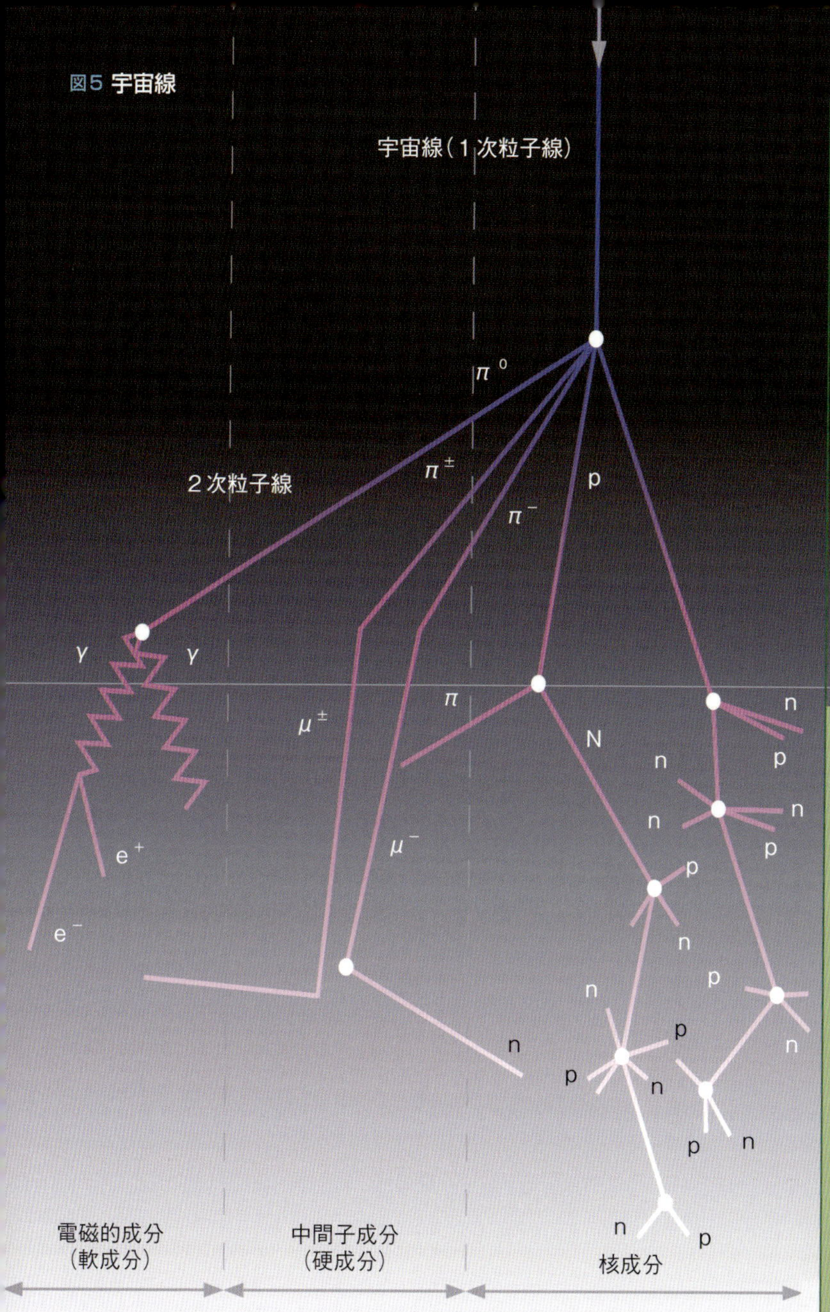
宇宙線（1次粒子線）
π⁰
π±
p
2次粒子線
π−
γ
γ
π
μ±
N
n
p
n
n
p
e+
μ−
p
e−
n
p
n
p
n
p
n
n
p
n
n
p
電磁的成分
（軟成分）
中間子成分
（硬成分）
核成分

The Particle Adventure⑤

対称性とは何か

理論という心の病

ありとあらゆる素粒子が無秩序に出現する――これは、理論物理学者にとって許容されざる状況であった。世界の本質はシンプルで、かつ「対称性」をそなえているはずだからである。

対称性という言葉はよく、美術作品の調和や完成の度合いになどについて用いられる。しかしこれは、物理学の世界では厳密な意味をもっている。

ここでいう対称性（symmetry、シンメトリー）とは、あるものがどの方角から見ても、あるいは移動や回転をしても変化しない性質のことだ。たとえば建築物の左右が合わせ鏡で見るように同じ形をしていれば、左右対称である（右ページ写真）。また6弁の花を60度ずつ回転させればつねに同じ形になる。対称性やシンプルさを重視する理論物理学者、とりわけ欧米の理論物理学者たちはしばしば“ピグマリオン症候群”に陥ることがある。自ら彫った女性の彫刻に恋したギリシア神話のピグマリオンのように、理論の美しさに惚れ込むあまり理論と現実とのずれを無視したり、データが理論にぴったり合うまで際限なく実験や観測を繰り返したりする、いわば心の病である。だが、それは必ずしも悪いことではないかもしれない。

“負のエネルギー”の予言

イギリスのポール・ディラックはあるとき、宇宙がそなえている数学的な美しさを強調するあまり、「公式というものは、実験結果に合致させるよりも美しさをもたせるほうがより重要である」とさえ語った。

ディラックは、自分の生み出した「相対論的波動方程式（ディラック方程式）」から、彼自身さえ半信半疑だった仮想的な粒子、すなわちプラスの電荷をもつ電子（陽電子）の存在を予言した。そして実際に陽電子が発見されたことを考えれば、彼

↑美しいとされる建造物の多くは左右対称である。上はギリシアのパルテノン神殿、下は平安時代に建築された宇治平等院鳳凰堂。下写真／(c)Tomo.Yun (http://www.yunphoto.net)

←雪の結晶は単純なものから複雑なものまでさまざまだが、いずれも6回対称性をそなえている（60度ずつ回転するともとと同じ形になる）。　写真／ Michael

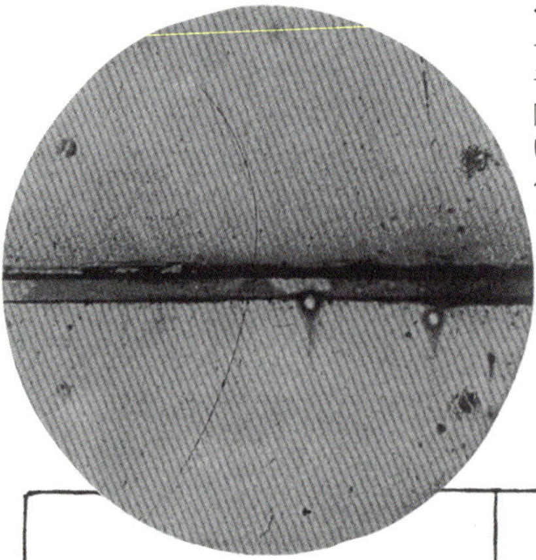

⬅1932年、アメリカのカール・アンダーソンが宇宙線の中から見いだした陽電子の映像。粒状のものが高エネルギーの陽電子であり、鉛の板を通過しようとしている。彼はこの業績により、36年にノーベル物理学賞を受賞した。

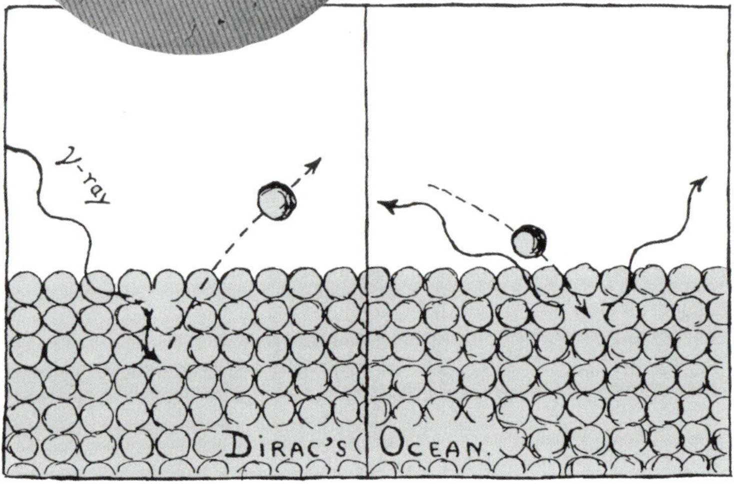

⬇ディラックが考案した“負のエネルギー”をもつ電子の海。ここにガンマ線が入射するとふつうの電子がとび出すとともに“穴”（陽電子）ができ（対生成。左）、電子がとび込むとガンマ線が生じる（対消滅。右）。資料／G.Gamow, Mr Tompkins' adventures

が美しさにこだわったのも当然かもしれない。

ディラックの方程式には2つの解が存在した。ひとつは電子の振る舞いを正確に示していたが、もうひとつの解は、電子が“負のエネルギー”をもつことを示していた。われわれの日常感覚では負のエネルギーなどというものを想像することはできない。

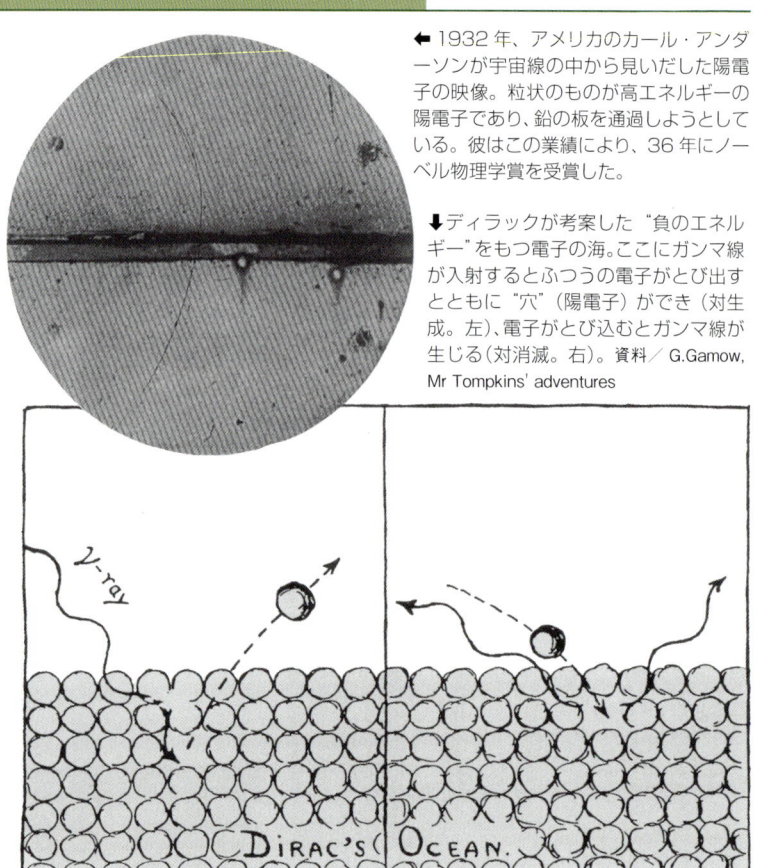

ディラックはこの状態を次のように説明した。負のエネルギー状態には多数の電子がつまっているが、そこには電子が存在しない“穴”（空孔）があるであろう。これは時間軸を逆向きに動く電子であり、われわれの宇

column

ポール・ディラック

ポール・ディラックはスイス人の父とイギリス人の母のもとに生まれ、大学では電子工学、大学院では数学を学んだ。父は厳格で兄弟のひとりはポールが若いころに自殺したこともあり、引きこもりがちな性格だったという。

1925年、ハイゼンベルクによる量子論の行列力学について考察し、古典力学との関係を導き出した。28年には相対論的波動方程式、30年には空孔理論を提出するなど、量子論において次々に成果を上げ、1933年にノーベル物理学賞を受賞した。ドイツ語、フランス語、ロシア語が堪能で、世界各国を訪問し、日本にもハイゼンベルクとともに訪れている（シベリア鉄道で帰国）。妻はノーベル賞物理学者ユージン・ウィグナーの妹。

写真／AIP

宙では見かけ上、電荷が逆に、すなわちプラスになる――

鏡の中に写っている姿のように見えるこの陽電子は、2年後の1932年、アメリカのカール・アンダーソンによって実際にとらえられた。そしてこのとき、どの粒子にも、電子に対する陽電子のような「反粒子」が存在することが明らかになったのである。

このように、素粒子の世界では、理論のシンプルさと対称性がしばしば研究を大きく前進させてきた。そして1960年代に予言され発見されたクォークもまた、対称性から導かれた素粒子であった。

The Particle Adventure ⑥

クォークはだれが発見したのか

混乱はクォークですっきり

1930年代の中間子の発見は、素粒子の理論を混乱状態に投げ込む出来事であった。

こうした事態を招くことになった中間子の発見を腹立たしく思ったアメリカの物理学者イシドール・ラビは、「誰がこんなものを注文したんだ？」と叫んだほどである。このラビは1944年にノーベル物理学賞を受賞したが、4年後にはその中間子を予言した湯川秀樹もノーベル賞を受賞している。

だが、それから10数年の後に始まった大型加速器実験によるあらゆる粒子の出現は、中間子発見による混乱とは比較にならないほどの混迷状態を引き起こした。「粒子共鳴」と呼ばれる粒子のごく不安定なエネルギー状態まで含めると、粒子の数は数百種類にものぼったのだ。それはもはや、もっとも基本的な粒子としての素粒子の探索とはかけ離れていた。

こうした中、これらの粒子を見事なまでにすっきりと整理し、素粒子の世界にふたたびシンプルさと対称性を取り戻したのが、アメリカの物理学者マレー・ゲルマンであった（右ページ写真）。

ストレンジネスで物事を整理

はじめて目にしたものを他人に伝えたいとき、われわれはたいてい、その大きさや形、色、ときには匂い（香り）や味によって説明しようとする。

同じように、新種の粒子を発見した研究者は、粒子の特徴や性質によってその粒子を表現しようとする。たとえば質量、電荷、スピン（角運動量）とその方向、バリオン数などだ。これらは「物理量」と呼ばれるそれぞれの粒子固有の性質である。

このうちスピンは粒子の自転のようなもの（実際に回転しているわけではないらしい）をいう。またバリオン数は、はじめは便宜的に導入された物理量で、

⬇粒子にストレンジネスという物理量を導入し、クォークモデルを提出したアメリカの物理学者マレー・ゲルマン。1969 年にノーベル物理学賞を受賞した。

写真／ AIP/ 矢沢サイエンスオフィス

電子や中間子を0、中性子や陽子を1と決めていた。

アメリカの物理学者マレー・ゲルマンと日本の西島和彦は1950年代、粒子にはさらに別の物理量があるとする見方をそれぞれ提出した。この物理量は「ストレンジネス」と名付けられた。英語のストレンジネスは“奇妙さ”を意味する。

こうした物理量にもとづいてゲルマンは、それまでに発見されていたあらゆる粒子を整理してみた。するとそれらは、グラフ上でいくつかの“きれいな”、すなわち対称性の高い図形を描いたのであった（図6）。

八正道から3つのクォークへ

マレー・ゲルマンは“驚異のゲルマン”と呼ばれる。彼は世界中の文化への造詣が非常に深く、日本語の漢字もその構造と意味を分析的に読んでみせる。真に博覧強記のゲルマンは、自らのこの粒子の分類法を仏教用語の「八正道」にちなんで「八道説（Eightfold Way）」と名付けた。

さらに彼は、これらの図形を群論と呼ばれる代数学にあてはめた。すると、三角形と逆三角形の“かけ算”からすべての図形をつくり出せることが明らか

⬅マレー・ゲルマンは素粒子を整然と分類する方法に気づき、これを仏教の「八正道（はっしょうどう）」にちなんで「八道説」と名付けた。八正道は釈迦が説いたとされる涅槃に至る修業の基本で、正見、正思惟、正語、正業、正命、正精進、正念、正定という8つの徳（＝正しい道）からなるとされる。道はサンスクリットで“アーリャアマールガ”という。

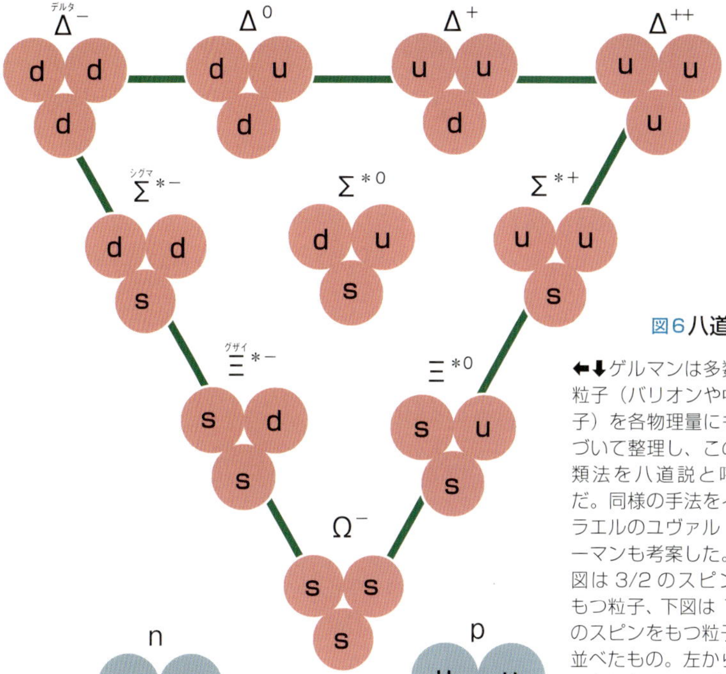

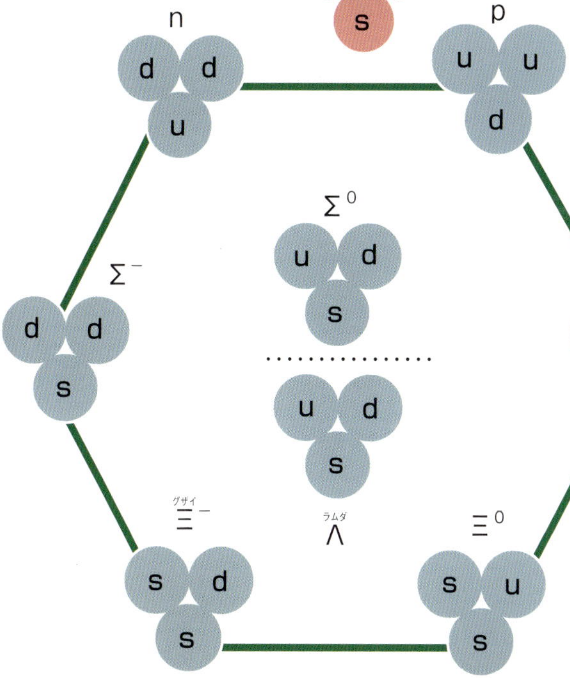

図6 八道説

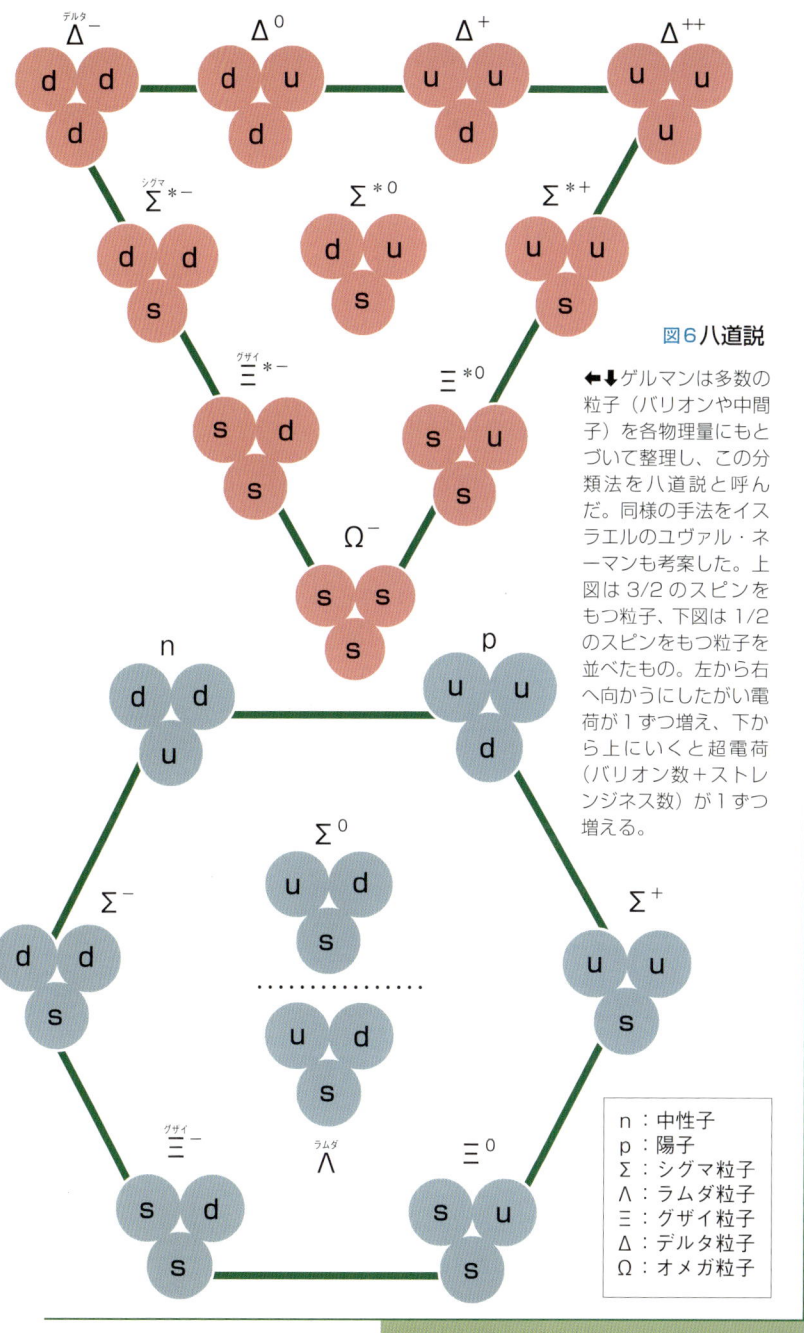

⬅⬇ゲルマンは多数の粒子（バリオンや中間子）を各物理量にもとづいて整理し、この分類法を八道説と呼んだ。同様の手法をイスラエルのユヴァル・ネーマンも考案した。上図は 3/2 のスピンをもつ粒子、下図は 1/2 のスピンをもつ粒子を並べたもの。左から右へ向かうにしたがい電荷が 1 ずつ増え、下から上にいくと超電荷（バリオン数＋ストレンジネス数）が 1 ずつ増える。

n ：中性子
p ：陽子
Σ ：シグマ粒子
Λ ：ラムダ粒子
Ξ ：グザイ粒子
Δ ：デルタ粒子
Ω ：オメガ粒子

になった。

1963年、ゲルマンはこれをヒントに、「中性子や陽子、その他の新発見の粒子は、3種類の基本粒子およびその反粒子からつくられている」とする説を提出した。

彼はこの基本粒子——つまりは素粒子——を、アイルランドの有名な小説家ジェームズ・ジョイスの『フィネガンズ・ウェイク』の一節「マーク王のための3つのクォーク」からとって“クォーク”と名付けた。クォークは海鳥の鳴き声の擬声語である。

さらにゲルマンは、3種類のクォークにそれぞれ「アップクォーク」「ダウンクォーク」そして「ストレンジクォーク」と名付けた。

このクォーク・モデルは理論物理学者の望むきわめてシンプルな美しさをそなえ、いささか自虐的に“パーティクル・ズー（素粒子の動物園）”とまで呼ばれた混乱状態をいっきに沈静化することになった。

数百もあった素粒子の種類は整理されて著しく減少した。たった3種類のクォークとそれらの反粒子が多種多様な粒子をつくることが示されたのだ。そして素粒子は、物質をつくるクォークとレプトン、それに素粒子どうしを結び付けるゲージ粒子に大別されたのだった。

この業績によってゲルマンは1969年、ノーベル物理学賞を受賞した。

図7 量子色力学

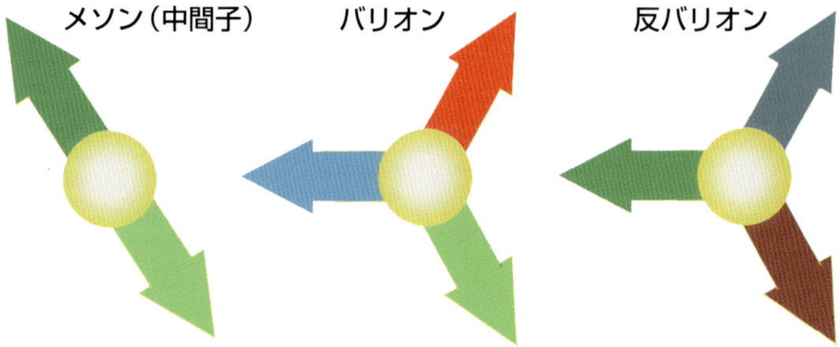

⬆量子色力学によれば、クォークは光の3原色およびその補色にたとえられる6種類のカラー（色荷。図の矢印）のどれかをもち、クォークどうしを結びつけるグルーオンが色荷を運んでいるという。ハドロン（陽子、中性子、中間子などの粒子）はこれらの色が重ね合わせられるため、無色透明。クォークがハドロンから外に出ることはないため、色荷も観測されない。

図8 ハドロンをつくるクォーク

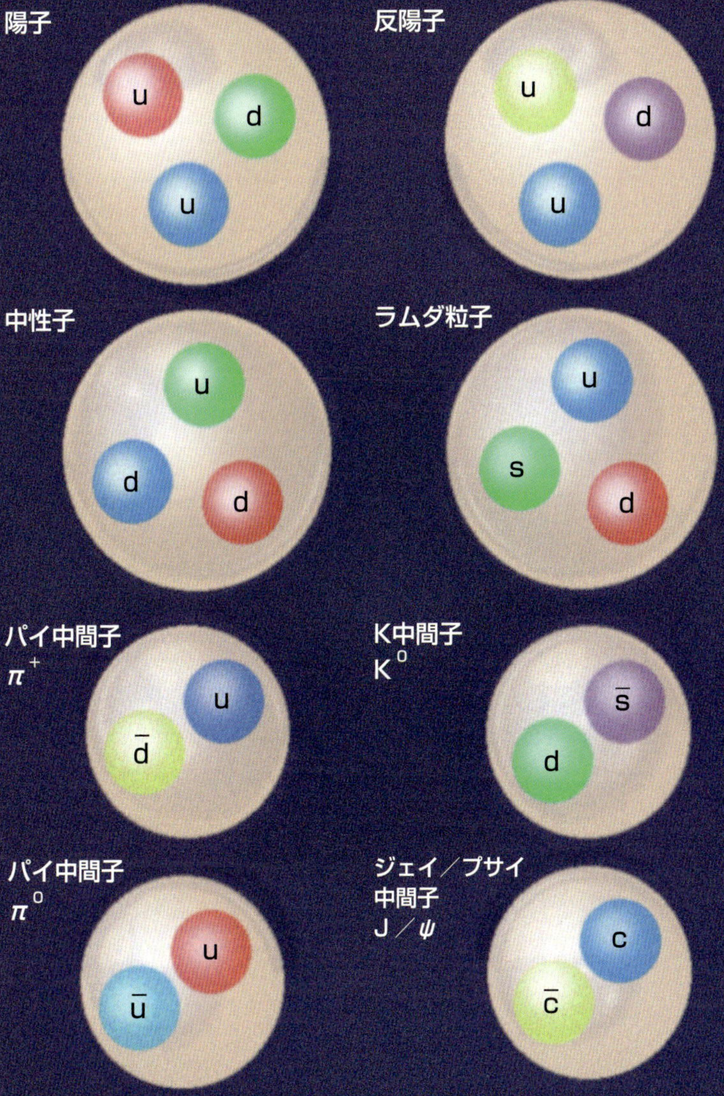

⬆ 1964年、ゲルマンは数百種類も発見された粒子はいずれもより小さな素粒子からできていると考えた。アメリカの物理学者ジョージ・ツヴァイクも同様の結論に達した。これらは代表的なハドロン（複数のクォークからなる複合粒子）とそれをつくるクォーク。

u：アップクォーク
d：ダウンクォーク
s：ストレンジクォーク

The Particle Adventure⑦

宇宙からニュートリノが降ってくる

エネルギー保存則が破れている？

物体が落下しても、衝突しても、大爆発を起こしてまったく姿形を変えても、それらの物体がもつエネルギーの総量は変わらない。すなわち事象の前と後で物体のエネルギーを合計した量はまったく同じである。

これは「エネルギー保存則」と呼ばれ、物理学でもっとも重要な法則のひとつである。

1905年、アインシュタインは特殊相対性理論によって、物体のもつ質量もまたエネルギーが形を変えた姿であることを示した。これは人々を仰天させる託宣であったが、まもなく、この理論を考慮に入れても地球上のあらゆる事象はエネルギー保存則に従うことがわかった。相対性理論によってもエネルギー保存則はゆるがなかったのだ。

だが1920年代、物理学者はひとつの例外を見いだした。原子がベータ崩壊によって電子を放出し、別の原子に変わるとき、奇妙にもエネルギーが保存されていないように見えたのだ。崩壊後のエネルギーがいくぶん不足していたのである。

エネルギー保存則は盤石ではないということか？　物理学者たちはそうは考えなかった。

図9 ベータ崩壊

⬇エネルギー保存則が成立しないかに見えたベータ崩壊では、ニュートリノがエネルギーを持ち去っていた。

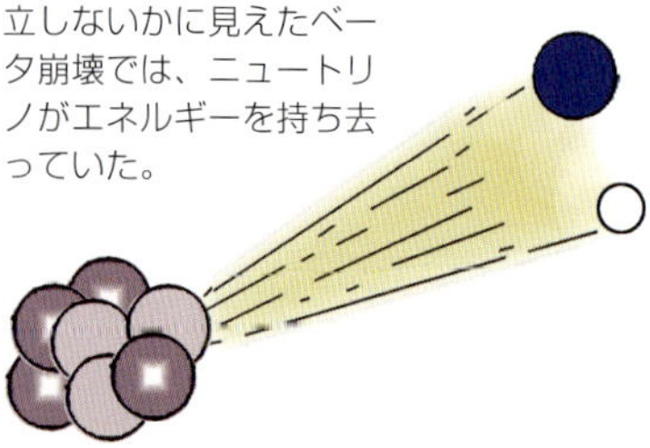

エネルギーをもち去る謎の粒子

1930年、オーストリア出身の物理学者ヴォルフガンク・パウリは、原子がベータ崩壊するときには電子とともに未知の粒子が放出され、この粒子がエネルギーを持ち去っているという仮

今が旬の情報

『電脳会議』は、年6回の不定期刊行情報
頁オールカラーで、弊社発行の新刊・近
しています。この『電脳会議』の特徴は、
でなく、著者と編集者が協力し、その本の
やすく説明していることです。平成17年
超え、現在200号に迫っている、出版界

満載してお送りします!

A4判・16
雑誌を紹介
の紹介だけ
いをわかり
00号」を
報誌です。

毎号、厳選ブックガイドも付いてくる!!

『電脳会議』とは別に、1テーマごとにセレクトした優良図書を紹介するブックカタログ(A4判・4頁オールカラー)が2点同封されます。扱われるテーマも、自然科学/ビジネス/起業/モバイル/素材集などなど、弊社書籍を購入する際に役立ちます。

⬆大マゼラン雲の超新星 1987A（写真中央）。超新星爆発では爆発エネルギーの99 パーセントをニュートリノがもち去るとされている。　写真／NASA

説を提出した（図9）。

パウリは未知の粒子を“ニュートロン（中性子）”と呼んだ。しかし、よく知られているように、中性子という名称は、陽子とともに原子核を構成する粒子のものとなった（中性子の発見はパウリによる未知の粒子の提唱より少し後のことだったが）。

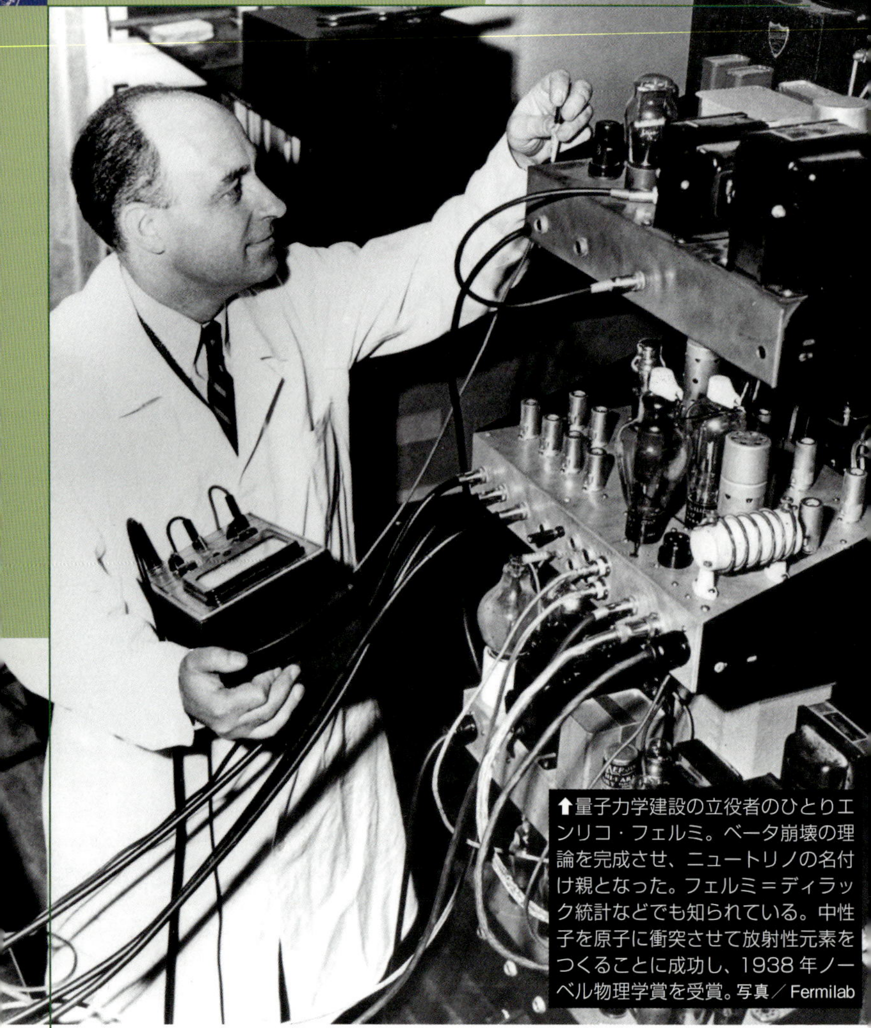

⬆量子力学建設の立役者のひとりエンリコ・フェルミ。ベータ崩壊の理論を完成させ、ニュートリノの名付け親となった。フェルミ＝ディラック統計などでも知られている。中性子を原子に衝突させて放射性元素をつくることに成功し、1938 年ノーベル物理学賞を受賞。写真／ Fermilab

そこで結局、イタリア出身の物理学者エンリコ・フェルミ（上写真）が1933年、この新粒子にイタリア語で小さな中性のモノを意味する“ニュートリノ”と名付けた。

ニュートリノが提唱されたのは素粒子研究の歴史においてはかなり早い時期であったが、その存在が実際に証明されたのは四半世紀後の1956年のことであった。この年、アメリカのフレデリック・ライネス（下写真）とクライド・コーワンが、原子炉から放出される粒子の中からニュートリノ（正確には電子反ニュートリノ）を見いだしたのだ。

ちなみにライネスは、はじめはニュートリノ源として核爆弾を使うという構想を描いていたという。コーワンは早世したが、ライネスは1995年にノーベル物理学賞を受賞している。

ニュートリノをとらえたカミオカンデ

ニュートリノがなかなか発見されなかったのは、この粒子がまれな存在だからではない。宇宙からも地球内部からも、たえず大量のニュートリノが地球表面に到達している。

たとえば太陽は、その内部の核融合によって莫大なエネルギーとともにニュートリノをも生み出している。それは地球をも大量に照射し、その数は理論上、1平方センチあたり毎秒660億個に達するとされている。

巨大な恒星が進化の終わりに起こす超新星爆発の際には膨大な量のニュートリノが宇宙空間に放出され、その一部は何万光年も離れた地球までやってくる。また地中の放射性元素の崩壊によっても多数のニュートリノが

⬆➡ライネス（上）とコーワンは原子炉から放出される粒子を巨大な測定器（右）によって観測し、ニュートリノをとらえた。

放出され、たえず地球を貫通している。

しかし、ニュートリノは物質とはほとんど反応しない。この粒子は鉛もコンクリートもやすやすと通り抜け、通ったことを誰にも気づかせない。直径1万2000キロメートルの岩石質惑星である地球さえも、まるで存在しないかのように突き抜ける。

宇宙からのニュートリノがはじめてとらえられたのは1987年であった。われわれの銀河系の隣の銀河マゼラン雲（距離16万光年）で超新星爆発が起こり、そのニュートリノが16万年後の現代の地球に大量に降り注いだのだ。

これらは南半球側から地球を突き抜け、日本にも1平方センチあたり600億個が到達した。そして、地下深くの巨大な水槽「カミオカンデ」（左ページ写真、図10。本来は陽子崩壊を検証するためにつくられた。下コラム参照）を、1兆個の10万倍ものニュートリノが貫通したのである。

この莫大なニュートリノのうちわずか11個だけがカミオカンデの水槽の中で光を発し、その存在を示した。ほぼ同時にアメリカの5大湖のひとつ、エリー湖に近いIMB（アーヴァイン－ミシガン－ブルックヘブンの略。前出のライネスがつくった検出器）が、8個のニュートリノをとらえていた。

column

小柴昌俊（1926年～）とカミオカンデ

1926年、愛知県で生まれた小柴は高校までは文学青年で成績も優秀とはいえなかったが、大学進学時に猛勉強して東京大学の物理学科に合格した。ここで宇宙線や素粒子の魅力にとりつかれ、アメリカのロチェスター大学に留学、シカゴ大学で研究を続けた。

1981年、大統一理論を検証するために陽子の崩壊を観測しようと考え、岐阜県神岡鉱山の地下坑道を利用し、カミオカンデの建設を始めた。小柴はこのときすでに超新星からのニュートリノの検出も想定していた。そして1987年、カミオカンデは、マゼラン雲の超新星爆発によって放出されたニュートリノをとらえた。小柴は2002年、この業績によりノーベル物理学賞を受賞した。

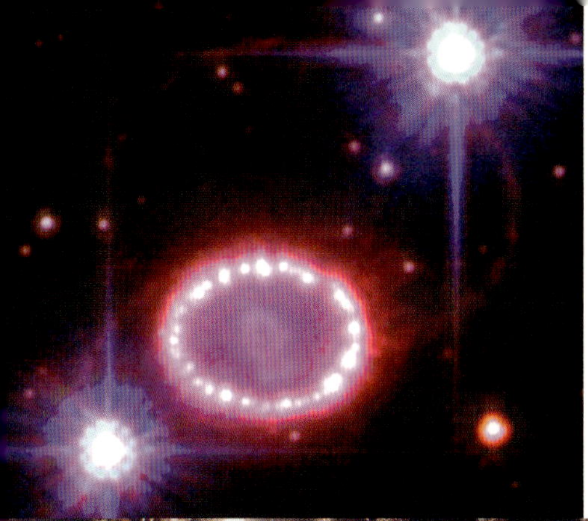

← 1987年に超新星爆発を起こした大マゼラン雲の1987 A。周囲に爆発時の衝撃波によってガスがリング状に広がっている。カミオカンデはこのときに放出されたニュートリノをとらえた。写真／NASA

↓約3000リットルの純水の入ったカミオカンデ。内壁には多数の検出器（光電子増倍管）がとりつけられ、水中を通り抜けた粒子が発する光をとらえる。現在は後継のスーパーカミオカンデに役目を譲った。　撮影／矢沢潔

図10 超新星のニュートリノ

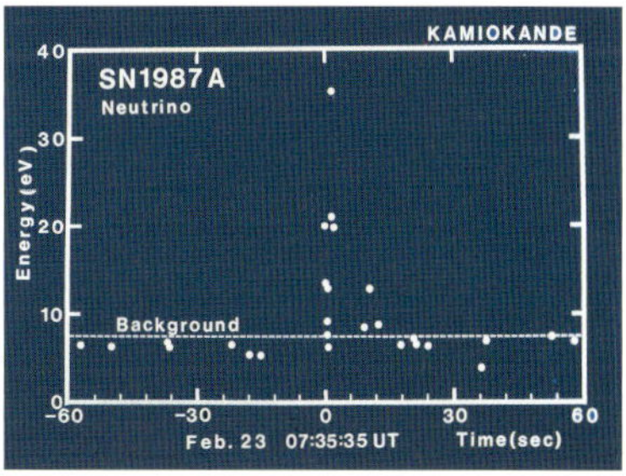

→カミオカンデのとらえた超新星 1987Aのニュートリノ。0秒以降のバックグラウンドよりも高い点がニュートリノによる発光現象を示している。

The Particle Adventure⑧

謎の解けないニュートリノ

ニュートリノに質量はあるか？

ニュートリノは幽霊のようにとらえがたい粒子というだけではない。実験をしにくいという理由だけでは片付けられない謎の多い素粒子であった。

謎のひとつは質量であった。ニュートリノが非常に軽いことは間違いない。亜光速で走るこの粒子は、1990年頃には電子の５万分の１以下の質量であることまではわかっていた。しかし、それがゼロなのか、それとも小さくても質量があるのかがつかめなかったのである。

ニュートリノは電子と同じくレプトンの一種であり、素粒子の標準モデルによればこの宇宙には３種類（３世代）のニュートリノが存在する。それらの理論上の質量はいずれもゼロである（表２）。

ニュートリノに質量があるかないかは、この宇宙の歴史を探るうえでも重要な問題であった。さきの太陽ニュートリノの例でもわかるように、この粒子が宇宙に大量に存在するためだ。

そこで、もしニュートリノに質量があるとすれば、宇宙の質量の大きな部分を占めると見られている暗黒物質（ダークマター）の候補になり得る。銀河の形成理論もまた、ニュートリノの質量によって大きく変わる可能性があった。

「ニュートリノ振動」の予言

もうひとつの問題は、“ニュートリノの量が足りない”ということであった。

さきほど見たように、太陽はその内部で核融合によって莫大なエネルギーとともにニュートリノ（電子ニュートリノ）をも生み出している。ところが、地表で観測される太陽ニュートリノの数は、理論的に観測されるはずの値の半分にも満たなかった。なぜなのか？

実はすでに1957年にその答えの一部は見つかっていた。ロシアの物理学者ブルーノ・ポンテ

⬆ニュートリノは地球にたえず降り注いでいるが、そのほとんどは検出されることなく、直径1万2000kmの地球を通り抜けていく。
イラスト／矢沢サイエンスオフィス

表2 ニュートリノの種類

世代	種類	記号
第1世代	電子ニュートリノ	ν_e
	反電子ニュートリノ	$\bar{\nu}_e$
第2世代	ミューニュートリノ	ν_μ
	反ミューニュートリノ	$\bar{\nu}_\mu$
第3世代	タウニュートリノ	ν_τ
	反タウニュートリノ	$\bar{\nu}_\tau$

コルボが、ニュートリノは反ニュートリノとニュートリノに交互に移り変わるという仮説を提出していたのだ。

この現象は「ニュートリノ振動」と呼ばれ、まもなく正粒子と反粒子ではなく、世代間（電子ニュートリノ、ミューニュートリノ、タウニュートリノ）で“振動”を起こすと考えられるようになった。つまり、ある世代のニュートリノが別の世代のニュートリノに変身するというのだ（下コラム、図11）。

そして、太陽ニュートリノが不足しているように見えるのは、太陽から放出された電子ニュートリノが地球まで8分あまりかけて走ってくる間に、ミューニュートリノやタウニュートリノに変化するためだという。

1998年、これらの問題にいっきに終止符が打たれた。実際にニュートリノ振動が発見されたのだ。こうして、太陽は理論が予言する量のニュートリノを放出していることがわかった。

加えてこのとき、ミューニュートリノとタウニュートリノの質量が異なることも明らかになった。つまり、少なくとも1種類のニュートリノは質量をもっていたのである。

こうした発見により、ニュートリノの質量をゼロとしていた素粒子の標準理論は書き換えを迫られることになった。さらに、「対称性の破れ」の研究でも、ニュートリノは重要な役割を担うことになる。

column

ニュートリノ振動

電子ニュートリノがミューニュートリノへと変身する――このニュートリノ振動は素粒子が別の素粒子に変わることであり、にわかには理解しがたい。

量子力学的には、ニュートリノは2種類または3種類の質量の“混合状態”にあり、波の重ね合わせで表すことができるという。

ニュートリノが高速で長距離を移動すると、これらの波はしだいにずれていく。その結果、質量の混合比が少しずつ変わっていき、最終的に別の粒子へと変身するというのだ。身の回りの出来事からは想像しがたいこの現象は、ニュートリノに限らずクォークでも起こっていることがわかっている。

図11 ニュートリノ振動

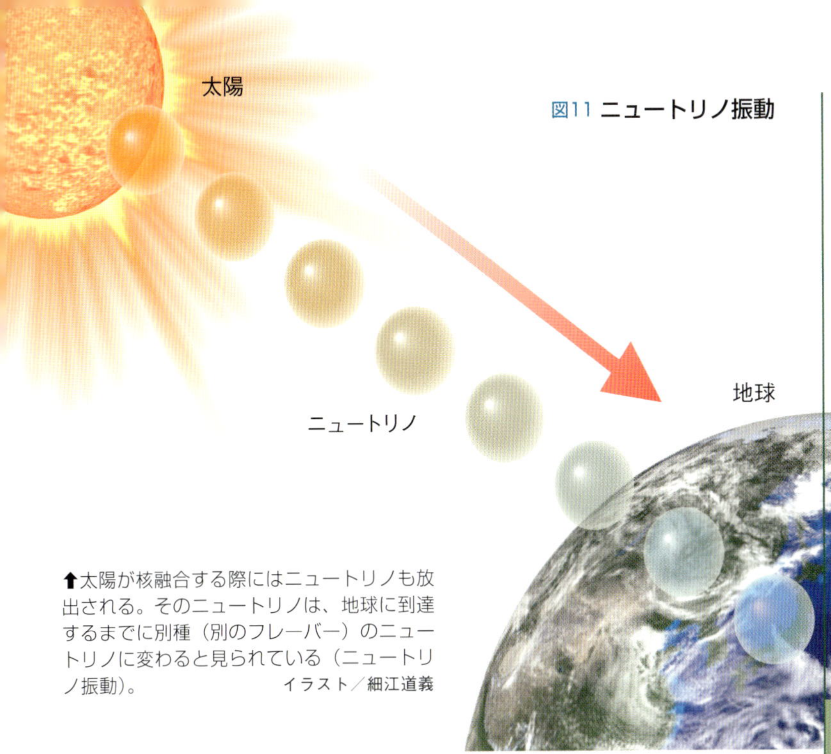

⬆太陽が核融合する際にはニュートリノも放出される。そのニュートリノは、地球に到達するまでに別種（別のフレーバー）のニュートリノに変わると見られている（ニュートリノ振動）。　イラスト／細江道義

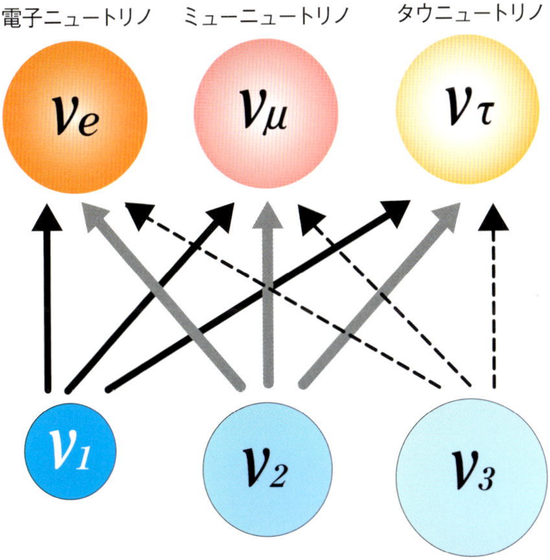

⬅3種類のニュートリノはそれぞれ複数の質量の混合状態にあるが、長距離を移動するとそれらの混合の割合が変わり、別種のニュートリノに変身するという。　資料／ KEK

The Particle Adventure ⑨

空間と時間の「対称性」が破れた？

物理法則はどこでも同じか

宇宙のどこにいても、過去のどの時点であっても、物理法則は変わらない――理論物理学者の多くはこう考えている。いまの地球でも40億年前の地球でも、そして太陽でもその隣りの恒星であるアルファ・ケンタウリ星でも、条件がそろえば物質の性質やふるまいは同じだというのである。

これもまた、物理学の世界では対称性のひとつに数えられる。時間や空間をはるかに超えて物理法則は保たれるという見方だ。

とすれば、空間の左右を入れ換えても物理法則は変わらないように思える。たとえばこの世界を鏡に映したとき、鏡の中の物理法則はこちらの物理法則と同じになるはずだ。

これは「空間対称性（パリティ対称性）」と呼ばれ、理論物理学者にとっては長い間、自明の理とされてきた。多くの読者も、空間の対称性が保たれるのはあたりまえと考えるのではなかろうか。

だが1956年、この思い込みが破られた。中国出身のアメリカの物理学者チェンニン・ヤン（楊振寧）とツンダオ・リー（李政道（右ページ上および左下写真）が、「弱い力」（電子やニュートリノ、クォークにはたらく力）の関係する事象では、反転させた空間で起こる事象はもとの事象と同じではない、すなわち空間の対称性が破れているはずだと発表したのである。

これは他の物理学者にとってはまったくうれしくない内容であった。このとき、有名な物理学者ヴォルフガンク・パウリ（右ページ右下写真）は次のように述べた。

「神がいくらか左利きだったなどという話は信じない」

パウリはこれには大金を賭けてもいいとさえと思った。彼だけでなく他の多くの物理学者も、

写真／CERN（上）、AIP（左下）

⬅⬆ 1956年、チェンニン・ヤン（左）とツンダオ・リー（上）は弱い力のかかわる現象ではパリティが保存されないはずだと発表した。これにより1957年にノーベル物理学賞を受賞。

⬆パウリの排他原理などを提出したヴォルフガンク・パウリ。

写真／ Nobel foundation

ヤンとリーの主張が間違っていることを願ったのだ。

だがその願いも虚しく、空間対称性の破れは確証を得ることになった。“中国のキュリー夫人”と呼ばれたアメリカの女性物理学者チェンシン・ウー（呉健雄）が原子核の崩壊実験を行い、ベータ崩壊では原子核から電子の飛び出す方向に偏りがあることを示したのである（注1。図12）。

パウリはベータ崩壊におけるエネルギー保存則は守り抜いたが、空間対称性の破れを繕うことはできなかった。彼は、対称性の破れを否定するほうに金をかける前にウーの報告が届いたことにホッとしたのだった。

鏡の国では物理法則が違う？

しかし物理学者が対称性をあきらめたわけではない。

実際、空間の左右を入れ換えたり時間を過去にさかのぼったり、あるいはどこかに移動するだけで物理法則が大きく変化するなら、宇宙に秩序は存在できない。

たしかにヤンとリーによって空間対称性は破られたかもしれないが、もう少し広く対称性をとらえれば何も変わりはしないはずだ——物理学者たちはこう考えた。

そして、空間（パリティ＝parity：P）に加えて電荷（charge：C）をも考慮に入れれば、対称性は保たれると推測したのである。

空間と電荷の入れ換えは「CP変換」と呼ばれる。この変換ではまず粒子（正粒子）の電荷を逆の符号にした上で、この世界を鏡に映し出してみる。するとそこには左右が逆転した反粒子の世界が現れる。このとき鏡の中の反粒子の世界がこちら側とまったく同じ物理法則をもっているなら、CP対称性が成り立っていることになる。

当時知られていた現象ではCP対称性がつねに保たれていると見えたため、物理学者たちは安堵した。だが彼らの得た平穏もつかのまであった。

1964年、アメリカのジェームズ・クローニンとヴァル・フィッチが、「宇宙のCP対称性も完全ではない。そこにはわずかな破れが存在する」と発表した。

注1／正確には原子核の回転軸に対して電子が放出された方向の偏り。

図12 パリティの破れ

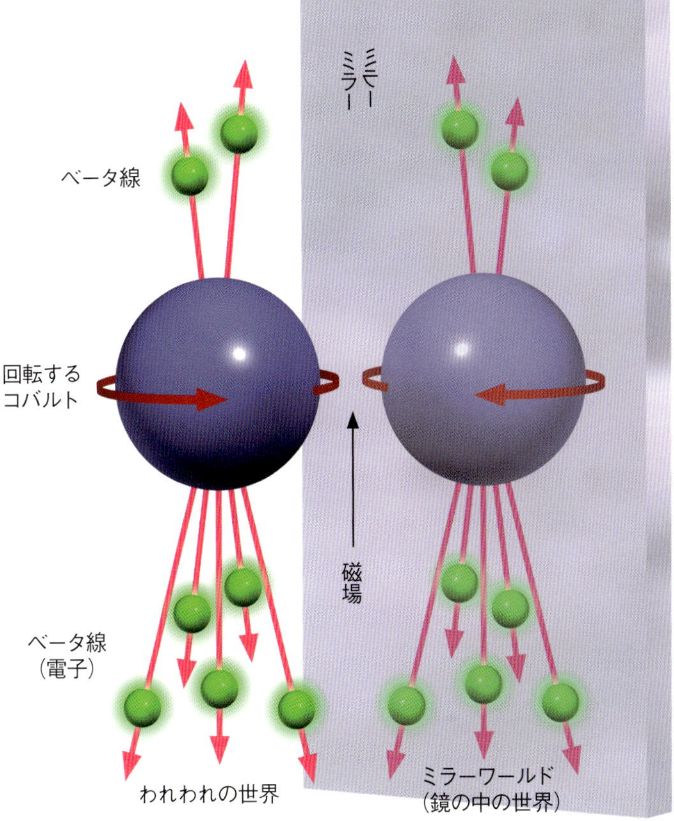

⬆パリティ対称性の破れを証明したウーの実験のイメージ。コバルト60は弱い力がかかわるベータ崩壊によって1個の電子（ベータ線）を放出する。パリティ対称性が成立するなら、放出される電子はコバルト原子の回転（スピン）が右回りでも左回りでも鏡に映したようにふるまうはずである。しかし、ウーが多数のコバルト原子が放出する電子を観測したところ、電子が放出される方向の分布に違いが見られ、パリティ対称性の破れが示された。　資料／American Physical Society　図／細江道義

彼らは、弱い力のはたらくK中間子の崩壊ではこの対称性が成り立たないことを見いだしたのである。

とはいえ、CP対称性の破れを云々する以前にはるかに大きな問題が存在した。それは、そもそも宇宙に“真の対称性”が存在するのかという疑問である。

The Particle Adventure ⑩

大きく偏っている物質宇宙の不可解

反物質が足りない！

「現在の宇宙に完全な対称性は存在しない」――実は物理学者にとり、これはすでにひとつの事実となっていた。

われわれの宇宙にはふつうの物質（正物質、正粒子）が圧倒的に多く存在し、反物質（反粒子）はほとんど存在しない。陽電子や反陽子のような反粒子が電荷の符号を逆にしただけの正粒子にぶつかれば、ただちに強いエネルギーを放出して消滅してしまう。「対消滅」である。

もし正粒子と反粒子が宇宙に同数ずつ存在するなら、物質はいたるところで対消滅を起こし、この世界はまったく不安定なままになるだろう。そのような宇宙では、星々や銀河も太陽や地球も生まれようがない。ましてわれわれ人間が存在するはずもない。宇宙に明らかな“偏り”、すなわち非対称性があるからこそ、いまのわれわれが存在して

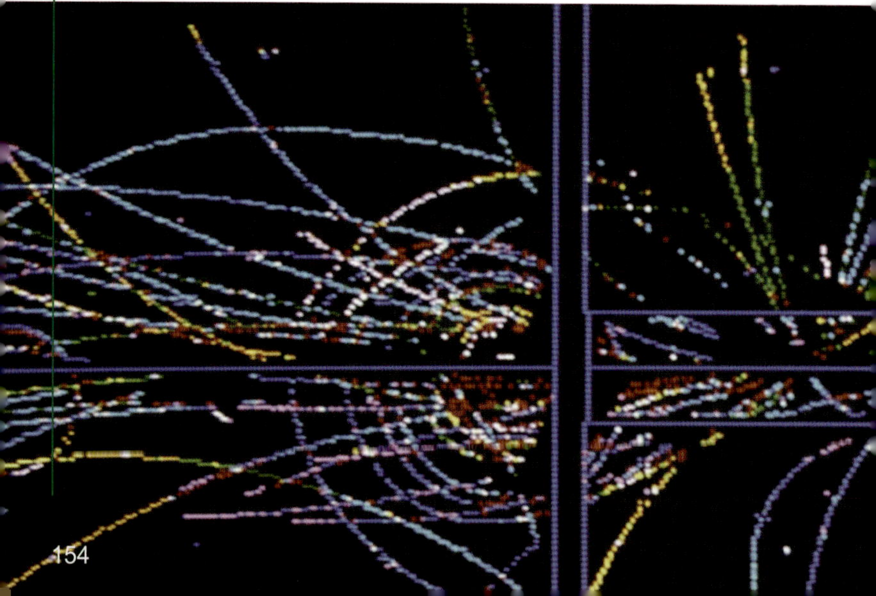

図13 正物質と反物質の対消滅

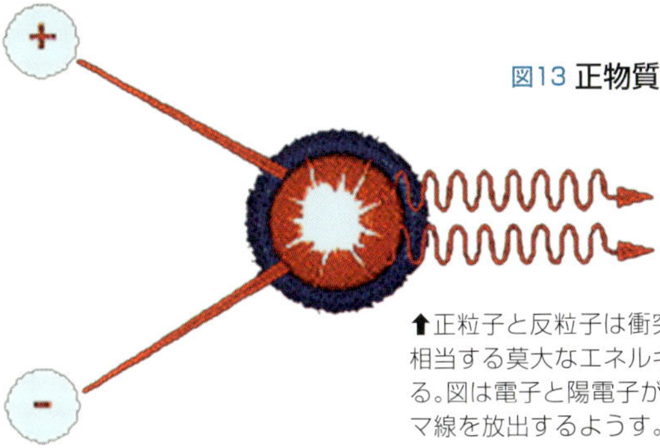

⬆正粒子と反粒子は衝突すると、質量の和に相当する莫大なエネルギーを放出して消滅する。図は電子と陽電子が対消滅し、2本のガンマ線を放出するようす。　資料／GSFC/NASA

いる。

とすれば、対称性の破れがなぜどのようにして生じたかを明らかにすれば、宇宙に物質が安定して存在する理由もわかるはずだと考えられたのである。

南部陽一郎がパイオニアだった

対称性の破れはなぜ生じたのか——この問題について最初の重要な研究を行ったのは、日本からアメリカに渡った南部陽一郎であった（次ページコラム）。

しかし彼は、はじめから対称性の破れを研究しようと考えたわけではない。きっかけは、ま

⬇多くの粒子加速器は正粒子と反粒子の対消滅で生じる莫大なエネルギーにより新しい粒子を次々に生み出す。図は陽子-反陽子衝突実験のデータの例。
画像／CERN

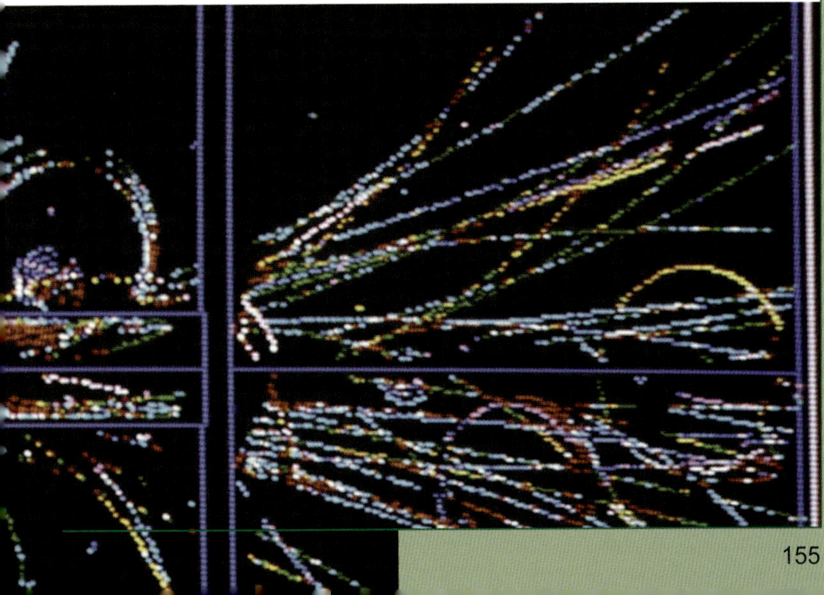

column

南部陽一郎

南部は1921年東京で生まれ、2歳のとき関東大震災に被災して福井市に移り、少年時代を過ごした。

東京大学に進学すると素粒子研究を望んだが、当時の教授に「素粒子研究は天才でなければやるべきではない」と言われたという。これに発奮した彼は、素粒子について猛然と勉強を始め、理化学研究所で行われていた仁科芳雄や朝永振一郎のセミナーに紛れ込んで講義を聴いていた。これが自発的対称性の破れへ踏み出した最初の一歩であった。

↑2008年、ノーベル物理学賞を受賞した南部陽一郎。
写真／Betsy Devine

ったく畑違いの分野である超伝導（物質の電気抵抗が完全に消える現象。右ページ右上写真）の研究にあった。

南部は1957年に、当時イリノイ大学大学院生だったロバート・シュリーファー（右ページ左上写真）の講演を聴いた。超

ゲージ理論とは何か

ゲージ理論は電弱力と強い力についての現在の理論——素粒子物理の標準理論——の基礎をなしている。ゲージ（gauge）は日本語でいう物差しのことである。この理論は「ゲージ対称性」を満たす系（場）についての理論であり、次のような基本的な意味をもっている。

通常、対称操作は特定の系の全体にあてはめて考える。たとえば回転する物体が対称性をもつことを示すには、その物体全体を回転させなくてはならない。物体のある部分だけを回転させるということはできない。

しかし特別の場合がある。その系の一部分に応用してもなお対称性が成り立つときで、「局所的ゲージ対称性」と呼ぶ。これは通常数学を用いて説明されるが、一般的に言うなら、ある系の異なる部分が電弱力や

⬆ロバート・シュリーファーは、ジョン・バーディーン、レオン・クーパーとともに超伝導物質の理論（BCS 理論）を提出し、1972 年にノーベル物理学賞を受賞した。右は磁場を排除するマイスナー効果によって超伝導物質が磁石を宙に浮かべるようす。

写真／ Dutch National Archives（左）、Peter nussbaumer（右）

伝導理論の提唱者のひとりであったシュリーファーは自らの理論について語ったが、南部は彼の理論では「ゲージ不変性」（下コラム参照）が十分に説明されていないと感じた。

そしてこの問題を考え続けた南部はついに、超伝導そのものは、対称性が自ら壊れる、すなわち“対称性の自発的破れ”によって生じることに気づいた。

さらに彼は、物理現象において対称性が破れると粒子が質量を獲得し、同時に“質量ゼロ”の粒子が生まれることを示したのである。この自発的対称性の破れによって陽子や中性子は質量を獲得し、またパイ中間子が生じるという。

南部のこの研究は、ヒッグス粒子と質量の起源について、そして宇宙の進化についての重要な手がかりにつながっていくのである。（パート５参照）

column

強い力などのいわゆるゲージ力と相互作用するときに生じる。したがってこれらの力はゲージ対称性が現れたものということができる。

ゲージ対称性から生じる力はゲージ粒子によって媒介される。電磁気力を媒介するゲージ粒子はフォトン（光子）であり、強い力の場合はクォークどうしを結合しているグルーオン、そして弱い力の場合はウィーコン（ウィーク粒子＝正と負のW粒子と中性のZ粒子）である。

The Particle Adventure ⑪

こうして生まれた素粒子の標準モデル

日本人の好きな“対称性の破れ”

対称性の破れについての節目の研究では、東洋系の研究者が活躍してきた。その一因として、西洋人と東洋人の美意識の違いを指摘する人もいる。

西洋人は完全な対称性を好む。古代ギリシア時代に建築されたアテネのパルテノン神殿（131ページ写真参照）をはじめ、建築美を語られる建造物の多くは完全な左右対称である。

これに対して東洋、とりわけ日本では、不完全な形や非対称性、変化をむしろ肯定している。宇治平等院鳳凰堂のように左右対称の美しい建築物もあるものの、他方で桂離宮のように明確な対称性をもたなかったり、対称性をあえて少し崩しているものも少なくない。また家紋などの意匠でも、左右対称よりむしろ図形を回転させたときに形が一致する回転対称を好む傾向があるといわれている。

こうした歴史的、文化的な背景もあって、日本の研究者は対称性の破れに惹きつけられるのかもしれない。南部に続いて対称性の破れに注目したのも日本の研究者であった。

用語解説 **坂田昌一（1911〜1970年）**：京都大学を卒業後に大阪大学で湯川秀樹の研究に加わり、中間子理論の発展に貢献した。1942年から名古屋大学教授。1950年代に発見された多数の新粒子はより小さな素粒子が複合した粒子だとする坂田模型を発表したほか、量子電磁気学の研究でも業績をあげた。その研究室は自由闊達な議論で知られる。

クォークを６種類に分ける

1960年代にマレー・ゲルマンが構築した３種類のクォーク・モデルは大いなる成功と思われていた。クォーク・モデルとそこから発展した「量子色力学」は、手に負えなくなっていたありとあらゆる粒子を整理し、素粒子の数をいっきに減らすことに成功した。

ところが1973年、京都大学の小林誠と益川敏英（右ページ写

⬆ CP 対称性の破れの研究により 2008 年ノーベル物理学賞を受賞した小林誠（左）と益川敏英。2人はともに名古屋大学の坂田昌一（左ページ用語解説）の門下生である。
写真／ Prolineserver

真）は逆に、これではクォークの種類は足りないと主張した。彼らは、クォークを6種類と仮定すれば、現在の宇宙における“CP対称性の破れ”が説明できることに気づいたのだ。

ＣＰ対称性の破れとは、前述したように、われわれの世界と鏡に映った世界——反粒子がつくっている——で起こることは対称ではない、すなわち何らかの違いが存在するという意味である。

CP対称性の破れは弱い力の関与する反応で見られるが、弱い力はクォークにもはたらく。それまでに知られていた3種類のクォーク——アップ、ダウン、ストレンジ——のうち、アップとダウンは対をなしており、弱い力によって互いに入れ換わることができる。

こういうと新しい現象にも聞こえるが、実はこのクォークの変化とは、これまでにたびたび登場したベータ崩壊である。たとえば原子核内の中性子をつくっている3個のクォークのうち1個のダウンがアップに変わると、中性子は陽子に変わる。そしてこのとき、電子とニュートリノが放出されるのである（実際には、中性子はいったん弱い力を媒介するウィークボソン——この場合はW^-粒子——を放出し、これが電子とニュートリノに崩壊する）。

しかし1960年代、イタリアのニコラ・カビボは、クォークは量子力学的には複数の状態が重なり合っているため、まれにストレンジがアップに変化することを示した（ニュートリノ振動と同様の現象）。ある種の“ねじれ”が生じるのである。

小林と益川はカビボのこの理論を発展させ、クォークは3組6種類あると仮定した。そして、これらの6種類のクォークがいずれもねじれ現象によって別のクォークに変化すると考えると、CP対称性が自然に破れることを見いだしたのであった。

実は、クォークの種類を増やすという考え方自体はそれほど奇想天外ではなかった。ゲージ理論（156ページコラム参照）においてはクォークを3種類とすると理論に矛盾が生じたため、第4のクォークを想定する研究者は少なくなかったのだ。

だが3種類をいっきに6種類に増やすことは、小林や益川にとっても少々乱暴な操作であった。当時の観測や実験ではクォークが6種類であることを示唆するものは何もなかったからである。しかし、理論の整合性が実験に優先するところが理論家の理論家たるゆえんでもある。

発表から時間はかかったものの、小林・益川理論は実験でもしだいに検証されていった。新たに加えられた3種のクォークのうち、「チャーム」は1974年に加速器実験によって存在が確認され、77年には「ボトム」、そして最後の「トップ」もついに1995年、アメリカ、フェルミ国立研究所の加速器テバトロンによって発見された。トップクォークはボトムの約40倍、そして陽子や中性子の約200倍もの質量をもつきわめて重い素粒子である。

さらに2001年、アメリカのスタンフォード大学の巨大加速器

↑日本の高エネルギー研究所（KEK）の粒子加速器KEKB。エネルギーの異なる電子と陽電子を衝突させることによりB中間子を大量に生成するBファクトリー実験を行い、CP対称性の破れを証明した。
写真／ yellow bird woodstock

と日本の高エネルギー研究所の「KEKB」（上写真）が別々に、B中間子と反B中間子の振る舞いにわずかな違いがあることを証明した。この結果は、まさに小林と益川がCP対称性の破れの理論で予言したことであった。

図14 素粒子の標準モデル

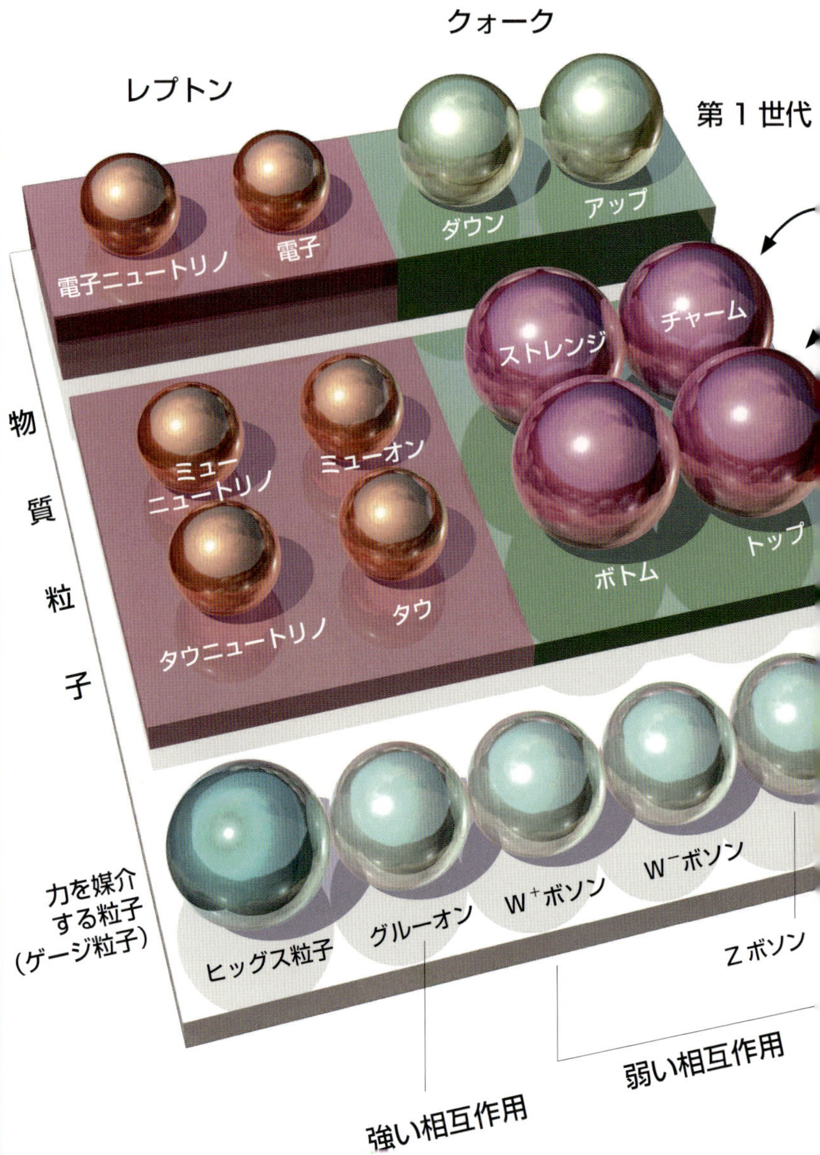
クォーク
レプトン
第 1 世代
電子ニュートリノ
電子
ダウン
アップ
ストレンジ
チャーム
ミュー
ニュートリノ
ミューオン
タウニュートリノ
タウ
ボトム
トップ
物質粒子
力を媒介
する粒子
(ゲージ粒子)
ヒッグス粒子
グルーオン
W⁺ボソン
W⁻ボソン
Z ボソン
強い相互作用
弱い相互作用

	記　号	電　荷
レプトン		
電子	e	-1
ミュー粒子	μ	-1
タウ粒子	τ	-1
電子ニュートリノ	ν_e	0
ミューニュートリノ	ν_μ	0
タウニュートリノ	ν_τ	0
クォーク		
アップ	u	$+\frac{2}{3}$
チャーム	c	$+\frac{2}{3}$
トップ	t	$+\frac{2}{3}$
ダウン	d	$-\frac{1}{3}$
ストレンジ	s	$-\frac{1}{3}$
ボトム	b	$-\frac{1}{3}$
ゲージ粒子		
フォトン（光子）	γ	0
グルーオン	g	0
ウィークボソン	Z^0, W^+, W^-	0, +1, −1
グラビトン（未確認）	G	0
ヒッグス粒子（2012年発見？）	H^0	0

⬆素粒子の標準モデルには６種類のクォークが組み込まれることになり、対をなすクォークは質量の軽い順からそれぞれ第１世代、第２世代、第３世代と呼ばれるようになった。

参考資料／CERN, Particle physics and astronomy Research Council
イラスト／細江道義

The Particle Adventure ⑫

標準モデルの限界

標準モデルは物理学者の歴史

素粒子の標準モデル（標準模型）はしばしばひとつの大きな表として示され、「この宇宙には17種類の素粒子が存在する」などと説明される。

このように無味乾燥に扱われはするものの、実際にはこのモデルは、物理学者たちがこつこつと積み上げてきた“歴史ある小山”である。

標準モデルはただ1個の理論からなるものではなく、20世紀はじめから次々に提出されてきたさまざまな理論や仮説を総合したものだ。

その中心をなすのは、ワインバーグらの電弱統一理論と量子色力学だが、それ以外にも湯川の中間子理論やディラックの反粒子説、ゲルマンのクォーク・モデル、小林・益川理論やヒッグス場の理論等々の貢献によって構築されている。

そのため、この表のいずれかの粒子について実験結果が理論の予想と一致しないとしても、ただちに標準モデルが崩れ去るわけではない。

実際、電弱統一理論や量子色力学をはじめ、個々の理論は巨大加速器などさまざまな実験や観測による検証を経てきているため、標準モデルはおおむねこの宇宙の基本構造を写しとっていると見られている。

しかし物理学者の多くは標準モデルに満足してはいない。というのも、標準モデルは、なぜ素粒子がこのようなモデルによって整理されるのかという疑問にはまったく答えていないからである。

標準モデルには限界がある

たとえばレプトンとクォークにはいずれも3世代6種類があることがわかっている。だが、標準モデルはなぜ3世代なのかには答えられない。また素粒子の質量も、電子の数百万分の1から陽子の200倍までと非常に大きくばらついているが、その

⬅ 1989年にシカゴ大学で講演するアブダス・サラム。電弱統一理論の完成に貢献してノーベル賞を受賞したひとりでパキスタン出身。
写真／Jimiwo

理由もわかっていない。そして、これらの粒子がどのようにして生まれたのかもわからない。

モデルの中心となる量子色力学（強い力の理論でもある）と電弱統一理論も、標準モデルでは統一されていない（両者を統一する大統一理論は提出されているが未検証）。

標準モデル自体の限界も見えている。たとえば標準モデルではニュートリノは質量ゼロと定義されているが、近年非常に小さいながらもニュートリノに質量があることが確認された。

ヒッグス粒子についても、標準モデルは自己矛盾を抱えている。ヒッグス粒子は他の粒子のまわりに雲のようにまとわりつくことによって質量を与えるといわれる。とすれば、逆にヒッグス粒子のまわりにも他の粒子が集まり、それらもヒッグス粒子に質量を与えることになる。ところが、このような集合体としてのヒッグス粒子の質量を計算すると、標準モデルが予想するヒッグス粒子の質量をはるかに超えてしまうのだ。

2012年夏、標準モデルの表を埋める最後の粒子、ヒッグス粒子が発見されたようだと発表されたが、多くの物理学者は、これによって標準モデルが完成したとか検証が終わったとは考えてはいない。彼らは、今回の発見によって自分たちは標準モデルを超える未知の理論のスタート地点に立ったと認識しているのだ。

The Particle Adventure⑬

超対称性は見えてきたか？

素粒子物理学の分岐点

「われわれは分岐点に立っているように思える」——2012年7月、セルンの科学者たちが“ヒッグスらしき粒子”の発見を発表したとき、セルンの研究所長セルジオ・ベルトルッチはこう述べた。

彼の言う分岐点とは、今回の発見が素粒子の標準モデルを完成に導くのか、それとも標準モデルを超える新たな理論へと進む道を示唆しているのかの分かれ道ということだ。

そして、どちらの道に進むかについては、ヒッグス粒子の存否が鍵を握っていると見られている。

見つからない超対称性粒子

では、標準モデルを超える理論とは何か？　それにはいくつもの提案があるものの、もっとも有力視されているのが、新たな対称性をそなえた「超対称性理論」である。

すでに見てきたように、素粒子の世界の対称性はいったんは破れた。しかし理論物理学者たちは、対称性が“いま”破れているとしても、宇宙誕生のさらに直後には、やはりより完全な対称性が保たれていたと考えている。

素粒子の世界に新たに持ち込まれた「超対称性」もそのひとつだ。これは、標準モデルの素粒子のそれぞれが、さらに対称となる素粒子を内在させているという見方である。

いままで素粒子を映す鏡は“世界の内部”に置かれていたが、今度はその外側から素粒子を鏡に映し出しているといったイメージである。

超対称性で鍵となるのはスピンである。

標準モデルの素粒子はスピンによって大きく2種類に分けられる。整数のスピンをもつボソン（ボース粒子）と半整数のスピンをもつフェルミオン（フェルミ粒子）である。

図15 超対称性粒子イメージ

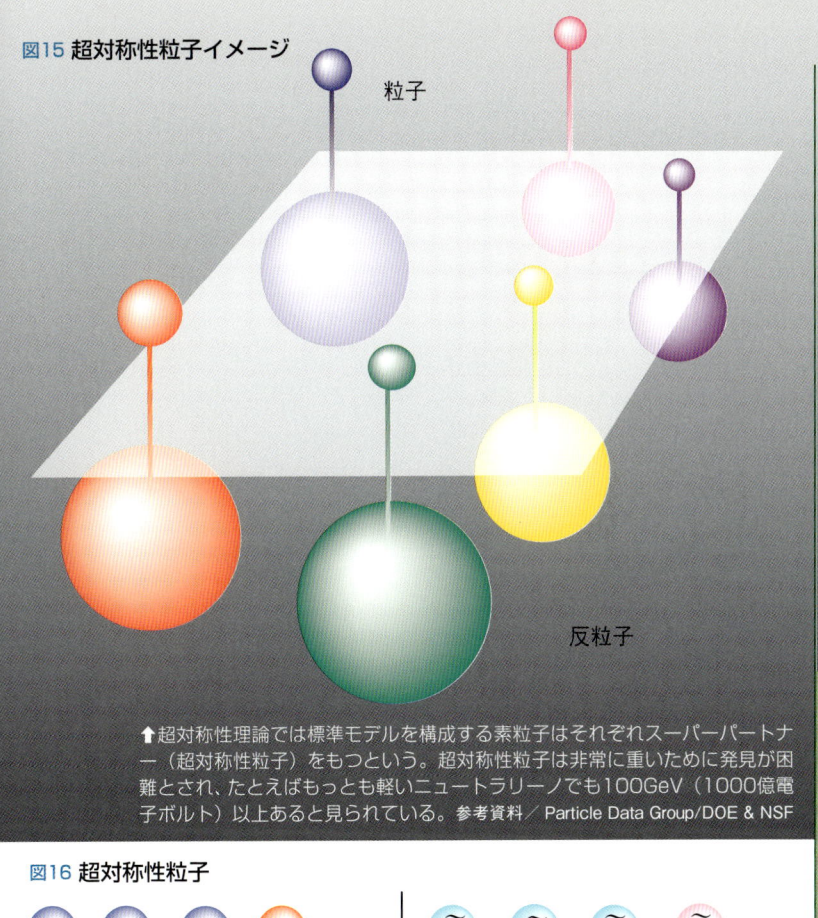

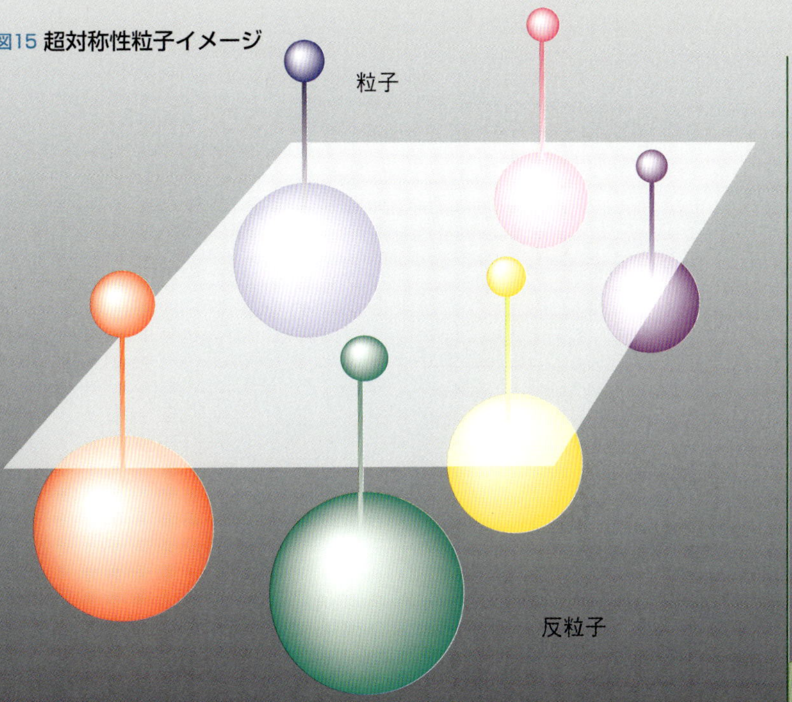

⬆超対称性理論では標準モデルを構成する素粒子はそれぞれスーパーパートナー（超対称性粒子）をもつという。超対称性粒子は非常に重いために発見が困難とされ、たとえばもっとも軽いニュートラリーノでも100GeV（1000億電子ボルト）以上あると見られている。参考資料／ Particle Data Group/DOE & NSF

図16 超対称性粒子

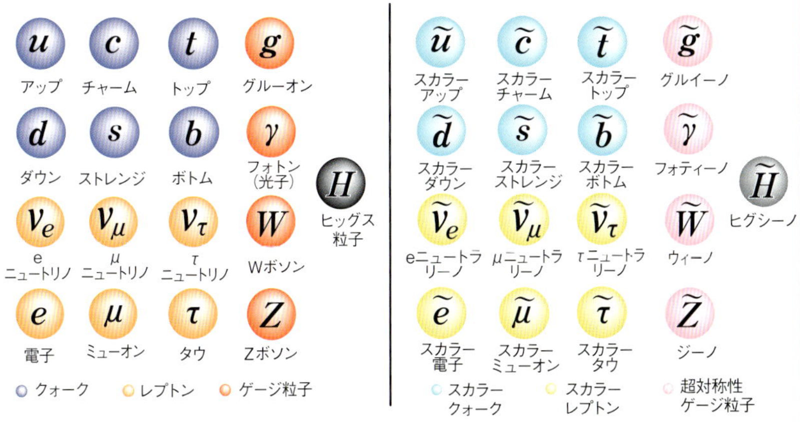

スピンが1、2、3…のような整数か、1/2、3/2、5/2のような半整数かでは、その性質は大きく異なる（ボソンとフェルミオンについてくわしくは右ページコラム参照）。

素粒子の標準モデルでは、ボソンとフェルミオンの間には何の関係もない。ただ自然界はそうなっていると説明して終わりである。

これに対して超対称性理論では、両者は深く関連しあっている。この理論では、ボソンはフェルミオンの超対称パートナーをもち、フェルミオンはボソンの超対称パートナーをもっているのだ（167ページ図15、16）。

そのため超対称性理論では、素粒子の数が標準モデルのいっきに倍以上に増えてしまう。2012年に発見されたと見られる新粒子ヒッグスも、超対称理論では1種類ではなく4種類存在することになる（この場合、ヒッグスにはさらに超対称性のパートナーであるヒグシーノが4種類存在する）。

なぜ超対称性が必要か

たとえ素粒子の種類がこのように増えてしまうとしても、超対称性理論がこの宇宙に適用できることを理論物理学者たちは望んでいる。

というのも、超対称性理論は標準モデルが抱えるいくつかの矛盾を解消できるだけでなく、標準モデルでは困難な“大統一”（量子色力学と電弱統一理論の統一。大統一理論）ができるようになるからだ。

しかもこの理論では、標準モデルでは取り扱うことのできない力、すなわち重力をも自然に取り込むことができる。

また、標準モデルには宇宙の“ダークマター（暗黒物質）”の候補となり得る粒子が存在しない。一時期ニュートリノが候補とされていたが、暗黒物質としては質量が軽すぎることがわかっている。

これに対して超対称性理論では、その候補になる粒子がニュートリノのパートナーのニュートラリーノをはじめとしていくつも存在する。超対称性粒子は標準モデルの素粒子たちに比べてはるかに重いのである。

だが、超対称性理論はいまのところ単なる理論でしかない。

Column

フェルミオンとボソン

すべての原子、すべての粒子は2種類の基本的分類のひとつに落ち着く。「フェルミ粒子（フェルミオン）」または「ボース粒子（ボソン）」である。

ある粒子がどの分類に属するかは、その粒子の固有角運動量（スピン）の値によって決まる。スピンは整数または半整数の量子単位によって表される。スピンが1／2、3／2などの半整数の粒子はフェルミ粒子であり、電子、クォーク、陽子、それに中性子などが含まれる。

これに対して整数のスピンをもつ粒子はボース粒子であり、光子、中間子、偶数個の中性子をもつ電気的に中性な原子などがある。

たとえばヘリウム4は2個の中性子をもつのでボース粒子であり、ヘリウム3の中性子は1個なのでフェルミ粒子である。

ボース粒子とフェルミ粒子の違いは極低温ではっきり現れる。大量のボース粒子は同一の量子状態に折りたたまれて凝縮状態（ボース=アインシュタイン凝縮。BEC）をつくり出す。

他方フェルミ粒子はパウリの排他原理にさまたげられるため同一状態にはならない。むしろフェルミ気体（フェルミ粒子の集まり）を冷却すればするほどより低いエネルギー準位に粒子が入っていき、ついにはフェルミ・エネルギー以下のすべての準位が完全に粒子で占められるようになる。

フェルミ粒子2個が対になり、ボース粒子のように振る舞ってBECが実現する例もある。

フェルミ粒子（フェルミオン）		ボソン粒子（ボソン）	
種　類	スピン	種　類	スピン
レプトン	1/2	ゲージ粒子（力を媒介する粒子）	1 ＊
クォーク	1/2	ヒッグス粒子（2012年発見？）	0
バリオン（3個のクォークからなる）	1/2, 3/2, 5/2 …	中間子（メソン）	0, 1, 2…

＊ グラビトンはスピン2と予測されている。

column

重力を吸い取る“隠れた次元”

　重力は、他の３つの力――強い力、弱い力、電磁気力――よりはるかに小さいが、標準モデルではその理由が説明できない。そこで注目されているのが「余剰次元」の理論である。

　それによれば、われわれの宇宙は４次元時空だが、実際にはそれ以上の次元（余剰次元）が存在している。しかし、それはふだんコンパクトに“丸められて”おり、われわれは観測することができない。そして重力以外の３つの力は４次元時空にのみ広がっているが、重力のみは隠された余剰次元にまで広がっている。そのために重力の効果は薄まり、これほど弱く見えるという。

　余剰次元については古くから議論されており、近年では素粒子は点ではなく振動する“ひも（弦）”とみなす「超ひも理論」や、われわれは３次元空間の“膜”にはりついた存在だとする「膜理論」などが余剰次元を必要としている。

　セルンのLHCは原子の10億分の１の大きさまで識別でき、コンパクトに丸められた隠れた次元を発見する能力があると考えられている。

実際これまでに超対称性粒子はひとつとして見つかってはいない。セルンの加速器LHCが、超対称性粒子をも発見できるだけのエネルギーを生み出す潜在能力をもっているにもかかわらず。

　とはいえ、理論物理学者たちの多くは、今回のヒッグス粒子発見が超対称性理論を検証する最初の一歩になるのではないかと期待している。標準モデルの予測するヒッグス粒子と、超対称性理論の予測するヒッグス粒子は特徴が異なっているからである。

“ヒッグスらしき粒子”の発表の際に、セルン所長ロルフ－ディーター・ホイヤーはこうコメントした。

「われわれはヒッグスの条件を満たす新粒子を観測した。だがそれはどのヒッグス粒子なのか？」

　現在、この疑問を解き明かすために、セルンのLHCではデータの解析が続いている。

パート5 *Particle Physics & the Big Bang*

宇宙をつくる素粒子

素粒子は宇宙を生み出し、宇宙はたえず進化を続けている。現代物理学は素粒子と宇宙の理論をどこまで融合させ、ただひとつの“セオリー・オブ・エブリシング”へと近づけることができるのか。

写真・イラスト：Margaret Geller, etc.／NASA/WMAP Science Team／James Wadsley, McMaster University／IPMU／東京大学宇宙線研究所神岡宇宙素粒子研究施設／細江道義／矢沢サイエンスオフィス

Particle Physics & the Big Bang ①

宇宙の階層構造を見る

宇宙の階層構造

かつて天文学者たちは、この宇宙には何千億もの銀河や、銀河の集団である銀河群・銀河団がほぼ均一に広がっていると考えていた。しかし1980年代末、このような見方は誤りであることが明らかになった。宇宙では銀河は均一に分布してはいないことがわかったのだ。

そこでは無数の銀河が5億光年もの距離にわたって宇宙の壁のように並び、銀河の“グレートウォール（Great Wall）”を形成している。万里の長城ならぬ壮大無比な銀河の長城である。

またこれとはきわめて対照的に、さしわたし何億光年もの何もない大空間“ヴォイド（Void）”も発見された。ヴォイドには銀河や水素ガスなどの物質はほとんど、あるいはまったく存在しない。その後、グレートウォールやヴォイドなどは「宇宙大規模構造」と呼ばれるようになる。

そして、グレートウォールのような宇宙最大の階層構造の中でも、銀河はさらに下部階層構造をつくっていることがわかってきた。大きなものからスーパークラスター（超銀河団）、銀河団、銀河群、そして個々の銀河というようにである。われわれの銀河である銀河系（天の川銀河）は、いま見た宇宙の階層構造の最下段の構造のひとつでしかない。

用語解説 **グレートウォール**：1989年にハーバード・スミソニアン天体物理学センターのマーガレット・ゲラー、ジョン・ハクラらが発見。地球から2億光年以遠にある宇宙最大の構造。

最大の構造から最小の構造へ

だが、ただひとつの銀河にすぎない銀河系には2000億～4000億個の星々がひしめき、そのさしわたしは9万光年に達する。われわれの太陽（太陽系）は、銀河系をつくるこれら何千億個の星々の中のただ1個の星

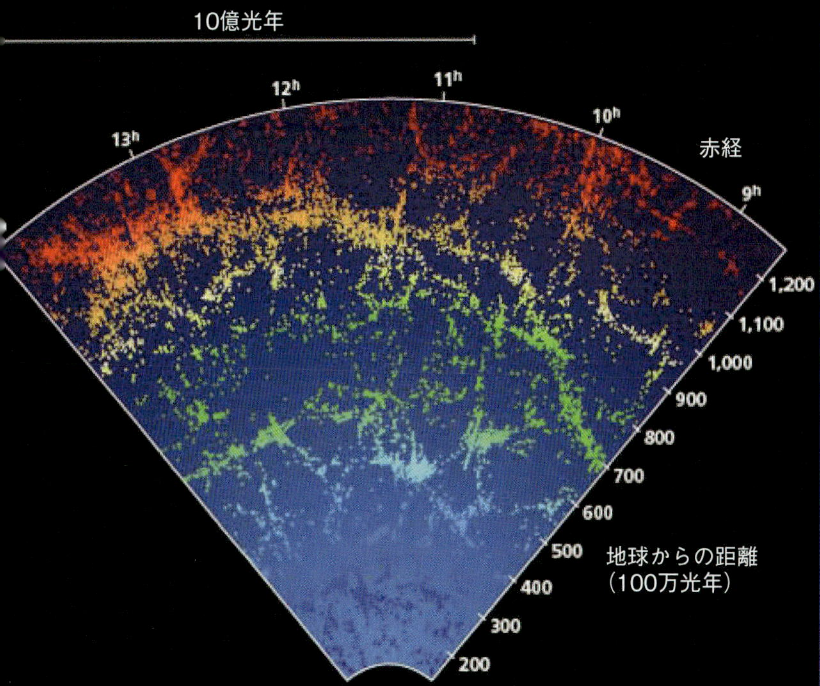

⬆ 1989年にマーガレット・ゲラーらによって発見されたグレートウォール。地球から2億光年以上離れた宇宙で、無数の銀河が数億光年の距離にわたって宇宙の壁のように密集している。　写真／ Margaret Geller,etc.

(恒星) である。

その太陽系の中でもまた、中心部の太陽のまわりを、宇宙のスケールで見るとあまりにも小さくチリ同然の地球など9つの惑星が回っている。そして惑星の周囲には、地球の月のような衛星が公転している。

宇宙はこのように、どこまで行ってもきりがないかのような階層構造をもっている。地球をつくっている物質、その物質をつくっている原子や分子、原子や分子をつくっている素粒子——いったい何が宇宙のもっとも大きな構造であり、何がもっとも小さな基本構造なのか。

本書のテーマである素粒子物理は、もっとも小さな素粒子の世界を見ることによって、もっとも大きな宇宙の姿を探ろうとしているのである。

図1 素粒子と４つの力とビッグバン宇宙の進化史

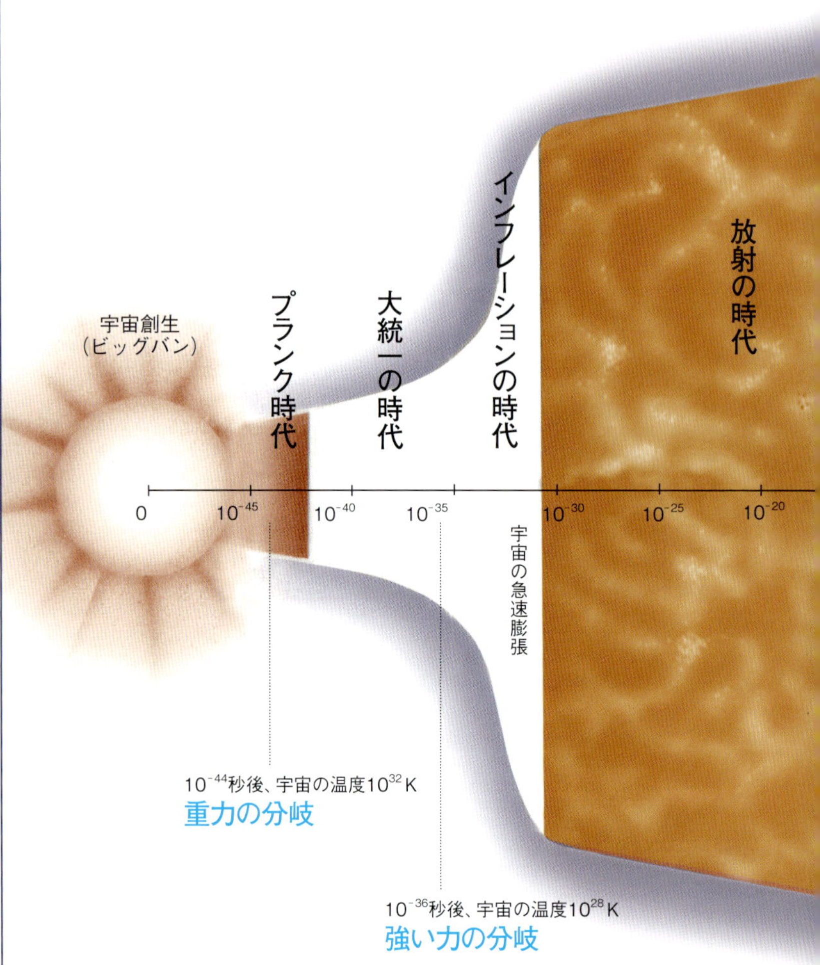

⬆ビッグバン宇宙モデルおよびインフレーション理論による宇宙の誕生と進化。左ページの中心部の膨張すなわち“インフレーション”は、宇宙誕生から10のマイナス34乗秒前後の一瞬間に起こった出来事を著しく誇張して描いてある。

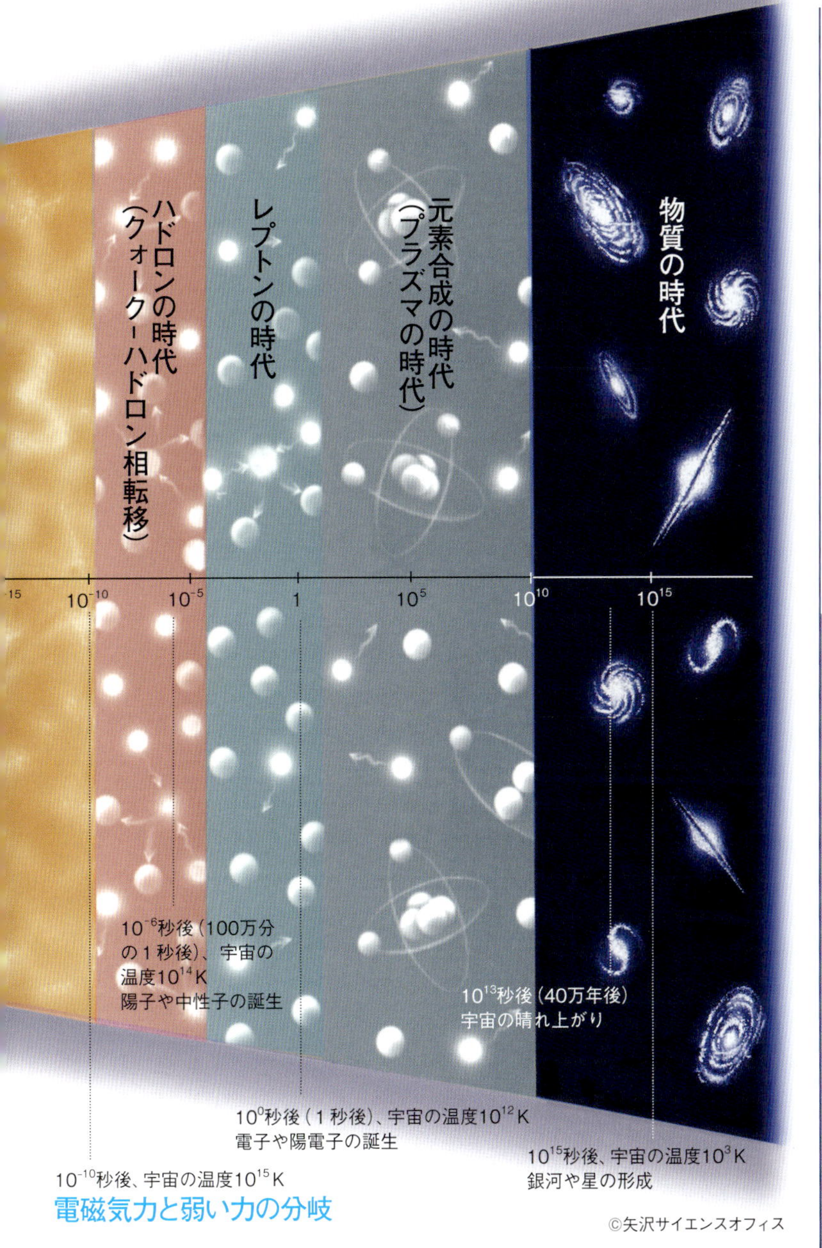
ハドロンの時代
（クォーク-ハドロン相転移）
レプトンの時代
元素合成の時代
（プラズマの時代）
物質の時代
-15
10^{-10}
10^{-5}
1
10^{5}
10^{10}
10^{15}
10^{-6}秒後（100万分の1秒後）、宇宙の温度10^{14}K
陽子や中性子の誕生
10^{13}秒後（40万年後）
宇宙の晴れ上がり
10^{0}秒後（1秒後）、宇宙の温度10^{12}K
電子や陽電子の誕生
10^{15}秒後、宇宙の温度10^{3}K
銀河や星の形成
10^{-10}秒後、宇宙の温度10^{15}K
電磁気力と弱い力の分岐

Particle Physics & the Big Bang②

素粒子とビッグバン理論

物質をつくっている素粒子

いま見たように、宇宙は銀河や星々からつくられており、これらはすべて物質からできている。物質がこの宇宙をつくるすべてである。そして、宇宙に存在するあらゆる物質は“ビッグバン”と呼ばれる宇宙誕生の出来事の中で生成された。それが現在の宇宙生成理論（ビッグバン宇宙モデル）の説明である。

素粒子の成り立ちや反応のしかたを研究している素粒子物理学者たちは、宇宙をつくりあげているこれらの物質は、12種類の素粒子からできていると考えている。

ちなみに「素粒子」という呼称は、それ以上壊したり分解したりすることのできないもっとも基本的な粒子という意味で使用される。かつて原子が素粒子だと考えられた時代もあったが、いまではそのように考える人はいない。

すでに前の章で見たように、物質をつくっている素粒子は2つのグループ、すなわち「クォーク」と「レプトン」に分けられる。そしてクォークには6種類、レプトンにも6種類が存在する。これら全部を包括的に説明する理論が、本書にくり返し登場する「標準モデル」である。

自然環境には存在しない素粒子

12種類の素粒子のうち、われわれの身近にあるもの、つまり地球上に存在する物質の大半をつくっている素粒子は、基本的に2種類のクォーク（アップクォークとダウンクォーク）、および1種類のレプトン（電子）だけである。

用語解説　**素粒子の定義**：現在定義されている素粒子に内部構造があることがわかれば、そのときはその内部構造をつくるものが素粒子と呼ばれることになる。

⬆原子核をつくっている陽子と中性子はいずれも、このイラストのようにアップクォーク（u）とダウンクォーク（d）の結合状態として存在する。個々のクォークは素粒子、それらが結合した陽子や中性子は複合粒子の一種である。
画像／Brianzero

アップクォークとダウンクォークは結合して陽子と中性子をつくり、陽子と中性子は結合して原子核をつくる。そしてこの原子核のまわりを電子が回って１個の完全な原子となる。

これら以外の素粒子は、われわれが知る自然環境には存在しない。それらが出現する場所、またはかつて出現した場所は２カ所だけである。

その１カ所は、人工的に一瞬だけ超高エネルギーを生み出す世界最強レベルの粒子加速器の内部（セルンのＬＨＣやシカゴ郊外のフェルミ研究所のテバトロンのような）、そしていま１カ所は、いまから140億年ほど前にこの宇宙がビッグバンによって誕生した直後の一瞬である。

Particle Physics & the Big Bang③

宇宙を支配する4つの力

物質を形づくる力とは？

前項で見たさまざまな素粒子の間には、それらを結合したりたがいに退けたりする“力”がはたらいている。この力は相互作用ともいう。力は英語のフォース(force)、相互作用はインタラクション(interaction)の訳語である。

素粒子物理の世界では、この宇宙には4つの基本的な力が存在するとしている。弱い力、電磁気力、強い力、それに重力である。

これらのうち重力は他の3つの力に比べてきわめて小さい(電磁気力の10のマイナス40乗、すなわち1兆分の1のさらに1兆分の1のさらに1兆分の1より小さい)。そのため素粒子物理学者たちはさしあたり重力は考慮しない。重力を無視しても素粒子どうしの反応を正確に調べることができるからである。

電磁気力は、電気的性質（電荷）をもつすべての素粒子、すなわちすべてのクォークとレプトンの一部（電子）に作用する。電子は原子核とともに原子をつくり、化学反応の主役でもある。

他方、電子以外のレプトンの一種であるニュートリノは電荷をもたないので電磁気力の影響は受けず、質量も（あるとしても）きわめて小さいため、他のどんな素粒子ともほとんど相互作用しない。

大気中に発生する落雷や、磁石のS極とN極の違いは電磁気力によるものだ。

弱い力は、原子核の中の中性子を陽子（またはその逆）に変えて放射性崩壊を引き起こす。太陽のような星（恒星）はこの力によって核融合反応を起こし、そのエネルギーを宇宙空間に放出する。われわれが地球上で生きているのは太陽の生み出す核融合エネルギーのおかげである。

強い力は、文字通り弱い力よりも強く、陽子や中性子をつく

図2　４つの力の分岐

⬇宇宙はビッグバン直後に分岐した４つの力（４つの相互作用）に支配されている。これらの力ははじめはただ１つの力であったが、ビッグバン直後の宇宙の膨張によって温度が下がるにつれ、ひとつまたひとつと枝分かれしたと考えられている。

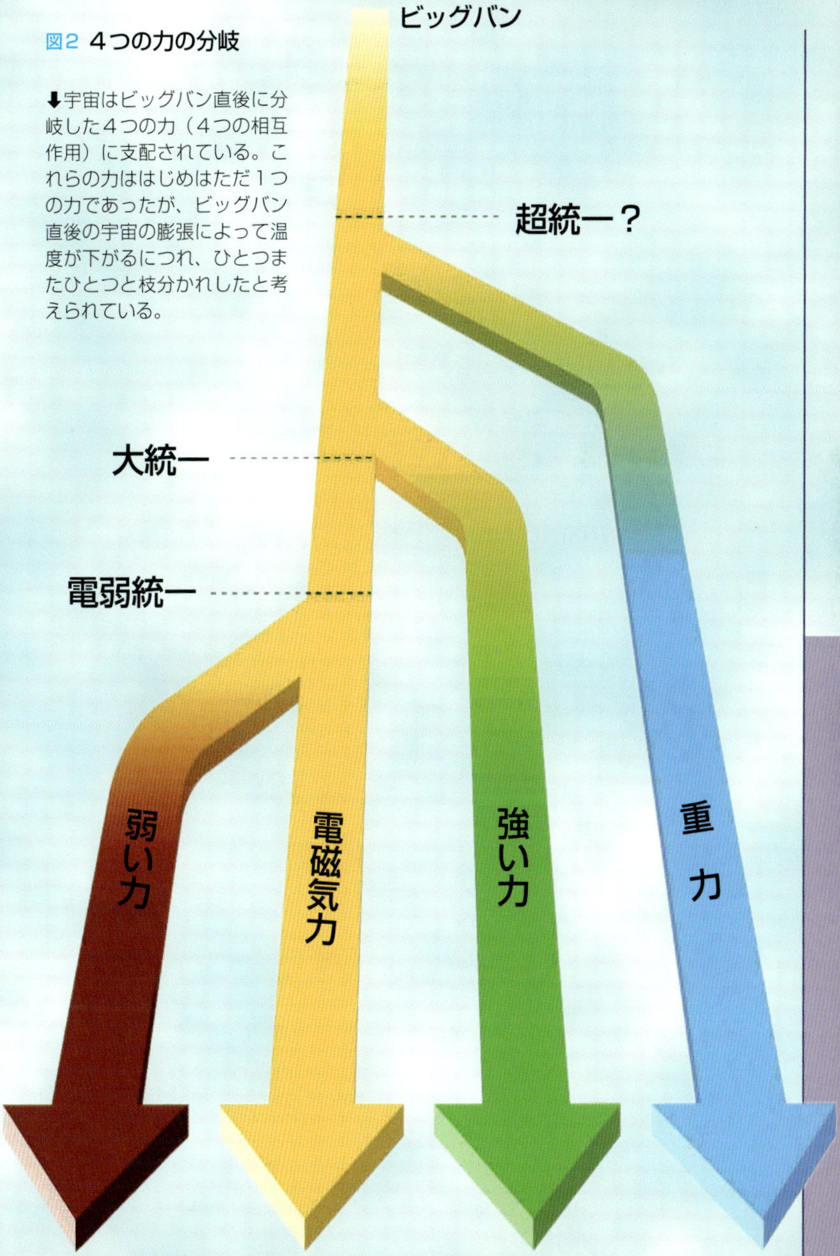

っているクォークとクォークの間にのみ作用する。この力はクォークどうしの距離が離れるほど強くなるという性質をもっている。ただしクォークは単独では基本的に存在できない。

力を伝える粒子

いま見た力はどれも、その力を伝達する素粒子をともなっている。電磁気力を伝達（媒介）するのはフォトン（光子）、強い力を伝達するのはグルーオン、弱い力の伝達者はウィークボソン、そして重力を伝えるのは、いまだ発見されてはいない仮想的なグラビトン（重力子）である。

宇宙は、そしてわれわれの生きる物質世界は、12種類の素粒子といま見た4つの力によって成り立っており、それ以外の物質や力は存在しない。

そして素粒子物理の標準モデルは、以上のうち未解明の重力を除いたもの、すなわち12種類の素粒子の間にはたらく3つの力を数学的に統一し、ひとつの場（量子場）の中で説明しようとしている。

この理論は、量子力学と特殊相対性理論に合致している。しかし3つの力——電弱力（弱い力と電磁気力）と強い力——はいまだ統一されてはおらず、また4つ目の重力を無視しているので、不完全な理論である（3つの力の統一については次の「大統一理論と陽子崩壊」参照）。

図3 ファインマン・ダイアグラム

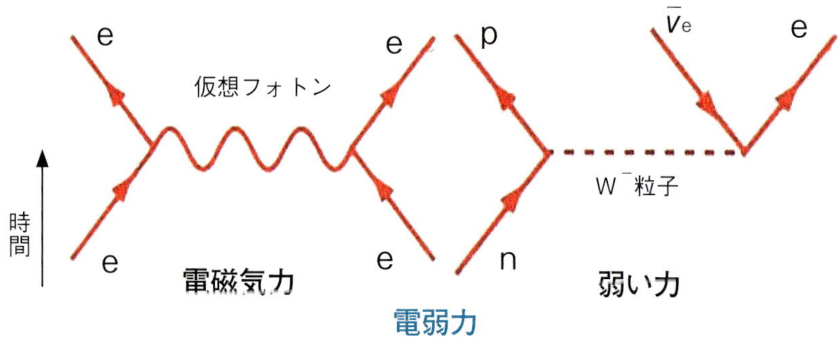

表1 4つの力の比較

	相対的な力の強さ（電磁気力＝1）	力の到達距離	媒介粒子	おもな作用
強い力	10^{3}	10^{-15} m以下	グルーオン	原子核の生成、陽子崩壊
電磁気力	1	無限大	フォトン（光子）	原子や分子の生成、化学反応
弱い力	10^{-8}	10^{-17} m以下	$W^{\pm}$粒子、Z^{0}粒子	粒子の崩壊
重　力	10^{-40}	無限大	グラビトン（重力子）	惑星の運動、銀河の形成

⬆4つの力のそれぞれの性質を一覧表にまとめた。電磁気力と弱い力は理論的に統一されている（電弱統一理論）。これに強い力を統一する大統一理論は未完成、また重力をも統一する究極の理論（超統一理論）はいまだ有望な手がかりを模索する段階にある。

⬇3つの力のはたらきを図解したファインマン・ダイアグラム。直線はフェルミオン（フェルミ粒子）、波線と破線はボソン（ボース粒子）を示す。場の量子論による粒子どうしの反応をこのような図で表現することを提唱したのはアメリカの物理学者リチャード・ファインマン。

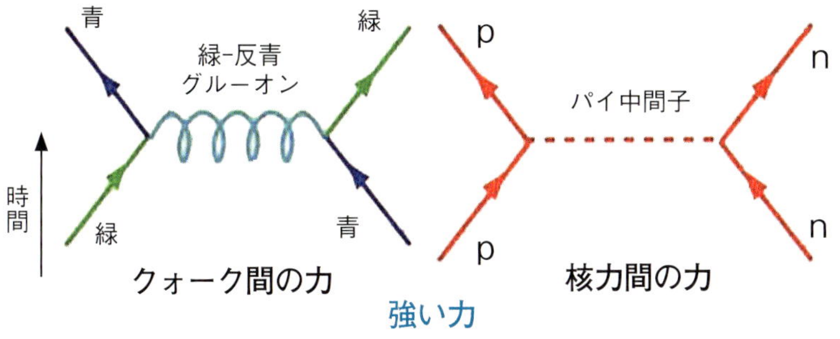

図4 素粒子物理理論の進化系統樹

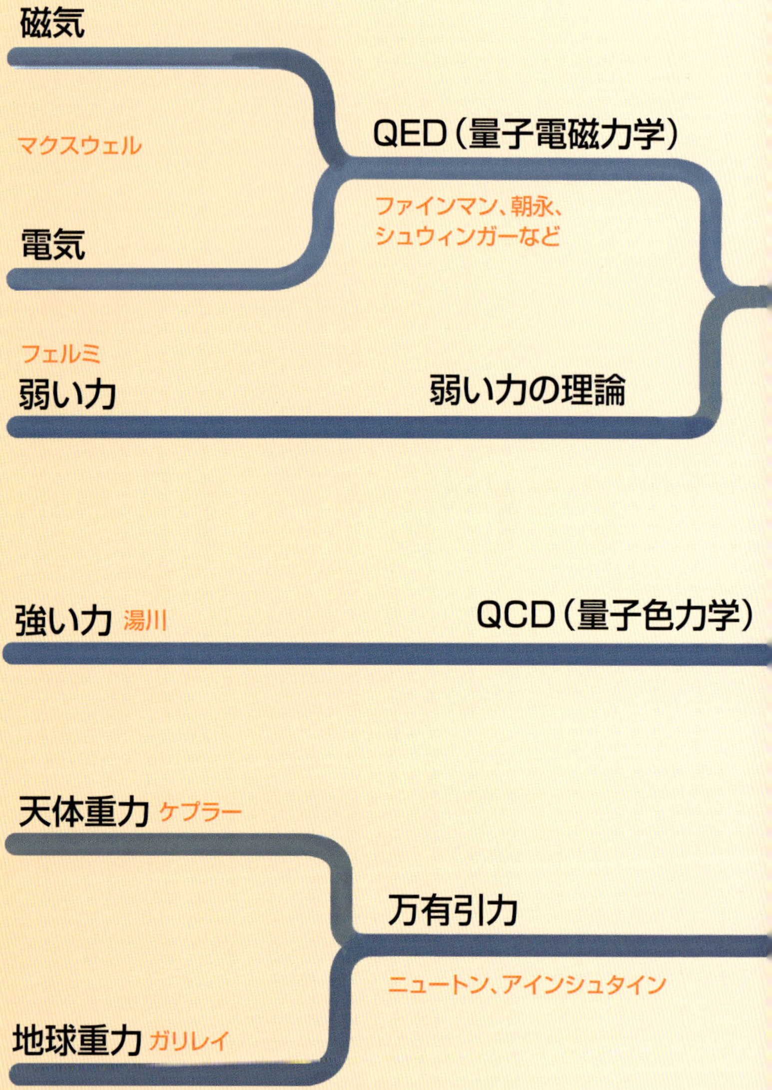

自然界の力と理論

自然界を支配する力の理論は、ケプラーの天体重力やガリレイの地球重力の理論に始まり、しだいにさまざまな力の統一へと向かっている。21世紀初頭のいま、物理学者たちは標準モデルに取り組んでおり、大統一理論へ、そして究極の量子重力理論ないし超統一理論（あるいは超ひも理論？）を目指そうとしている。

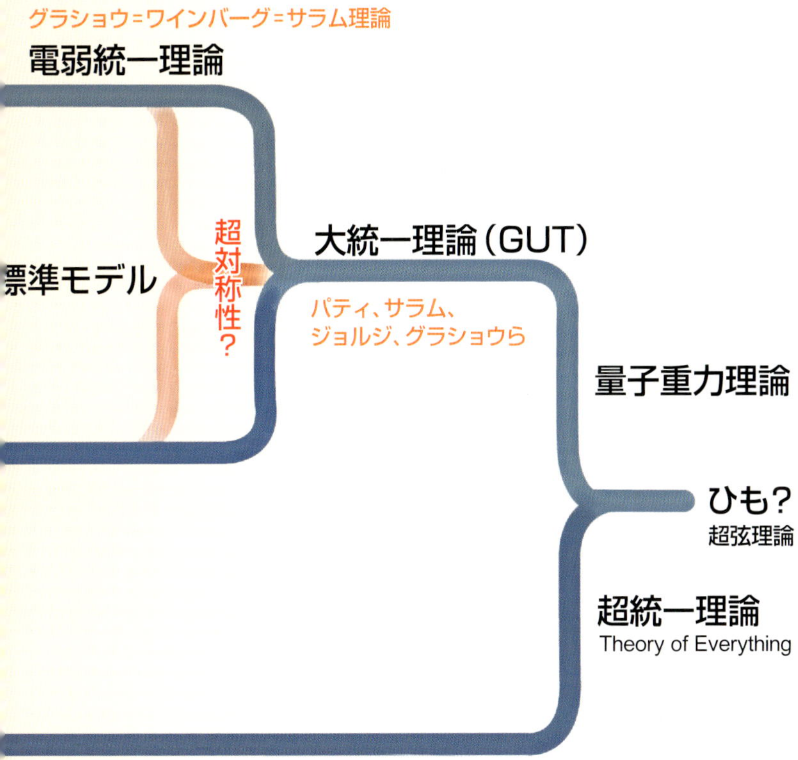

Particle Physics & the Big Bang ④

大統一理論と陽子崩壊（その1）

3つの力を統一する

本書をここまで見てきた読者はすでに気づいているように、素粒子物理の最終目標は、すべての素粒子と力をただひとつの理論、ただひとつの場の中で説明することである。だがそれには、本書にくり返し登場してきた標準モデルの壁をはるかに超える目標をクリアしなくてはならない。

そのクリアすべき目標とは、まずはじめに電弱力（弱い力＋電磁気力）と強い力の3つを包含する「大統一理論（Grand Unified Theories。略してＧＵＴ)」を構築することである。この場合もっとも困難な重力との統一は視野に入っていない。

大統一理論に至る道筋はいくつも考えられてきた。その中でしだいに有力視されてきたのが、標準モデルで用いられた「対称性」の概念をいっきに拡張するというアイディアである。

素粒子物理で頻繁に登場する「対称性」——日本語でシンメトリーとも呼ばれる——とは、もっとも基本的なレベルでは物事は対称的、すなわちどこから見ても完全に同一であるはず、という見方のことである。ちょうど完全な“球”はどこから見ても球であるように。

大統一理論の目標

われわれが学んでいる４つの力には対称性はほとんど認められない。弱い力と強い力だけを比べても、その強さには1000億倍もの開きがある。しかし対称性の理論は、温度を極度に高くすれば（＝エネルギーを極度に大きくすれば)、どの力も同じになると仮定している。

そして、エネルギーが10の28乗電子ボルト、つまり１兆電子

用語解説 **人統一理論**：大統一埋論：1971年にハワード・ジョルジらがはじめて提出した単純リー群 SU(5) モデル。現在までに10モデル以上が提案された。

図5 4つの力のイメージ

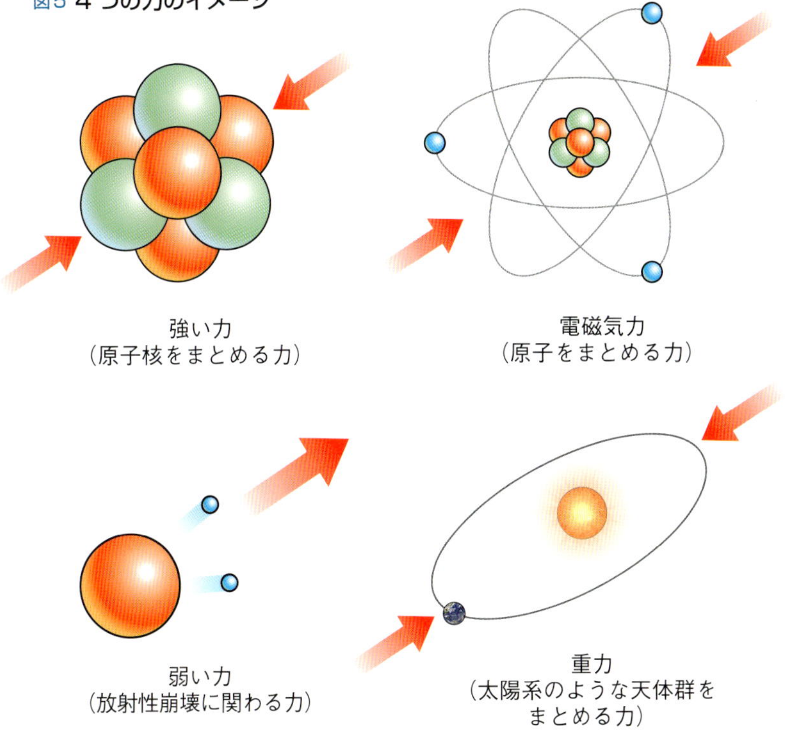

⬆4つの力を平明に説明する図解。宇宙（自然界）はこれら4つの力によって現在のような姿を生み出している。

ボルトの１兆倍のさらに１万倍という超高エネルギーになれば、３つの力は同じ強さになり、すべての粒子は同じ質量となって互いに入れ替わることができる――これが「統一」の意味である。もっとも、これほどのエネルギーは、世界最強の加速器ＬＨＣでもとうてい実現できない。

しかしこれが大統一理論の目指す到達点であり、また宇宙創成についてのビッグバン理論を導き出した方法論でもある。

では、大統一を実験的に検証する方法はあるのだろうか？なくはない――次項で見る「陽子崩壊」を観測することによってである。

Particle Physics & the Big Bang ⑤

大統一理論と陽子崩壊（その2）

陽子の寿命は10の30乗年？

さきほど見た大統一理論が3つの力を統一しようとするやり方は、19世紀にイギリスのジェームズ・マクスウェルが電気と磁気と光を統一した手法（電磁気理論。マクスウェル方程式）とはまったく別のものだ。

マクスウェルの理論は、これら3つの現象はただひとつの現象の異なる顔だと述べている。

他方、大統一理論は、宇宙がビッグバンで生まれた直後には、完全な対称性をもつただひとつの力だけがあったと考える。その後宇宙が膨張して温度が下がることより、この力は3つの力に分岐したという。

分岐を引き起こした出来事を物理学者は「相転移」と呼ぶ。それは、水がある温度でとつぜん氷に変わったり（固化）、あるいは蒸気に変わる（気化）ような現象である。

大統一理論と名のつく理論はこれまでにいくつも提出されてきた。それらはどれも、この理論が本物かどうかを検証する方法があると述べている。すなわち「陽子崩壊」である（図6）。

ビッグバン直後の超高エネルギーの中では、クォークは自発的に陽電子に変わり、その逆もまた起こる。したがって2つのクォークからなるパイ中間子と

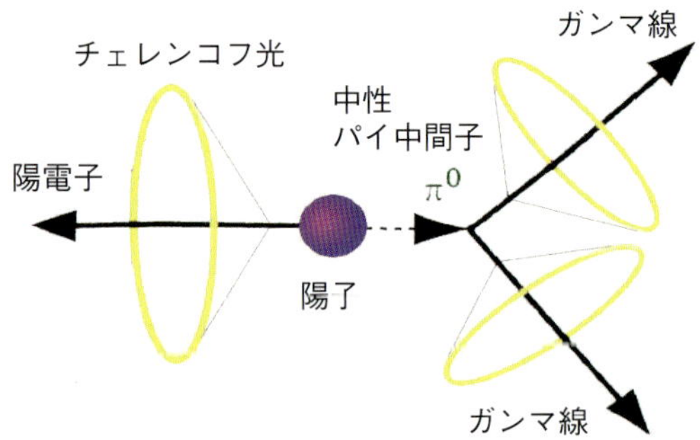

図6 陽子崩壊

←理論的に予言されている陽子崩壊の例。陽子が崩壊して陽電子と中性パイ中間子に変わり、このうちの中性パイ中間子はただちに2つのガンマ線に崩壊する。放出される陽電子にはチェレンコフ光がともなう。資料／東京大学宇宙線研究所

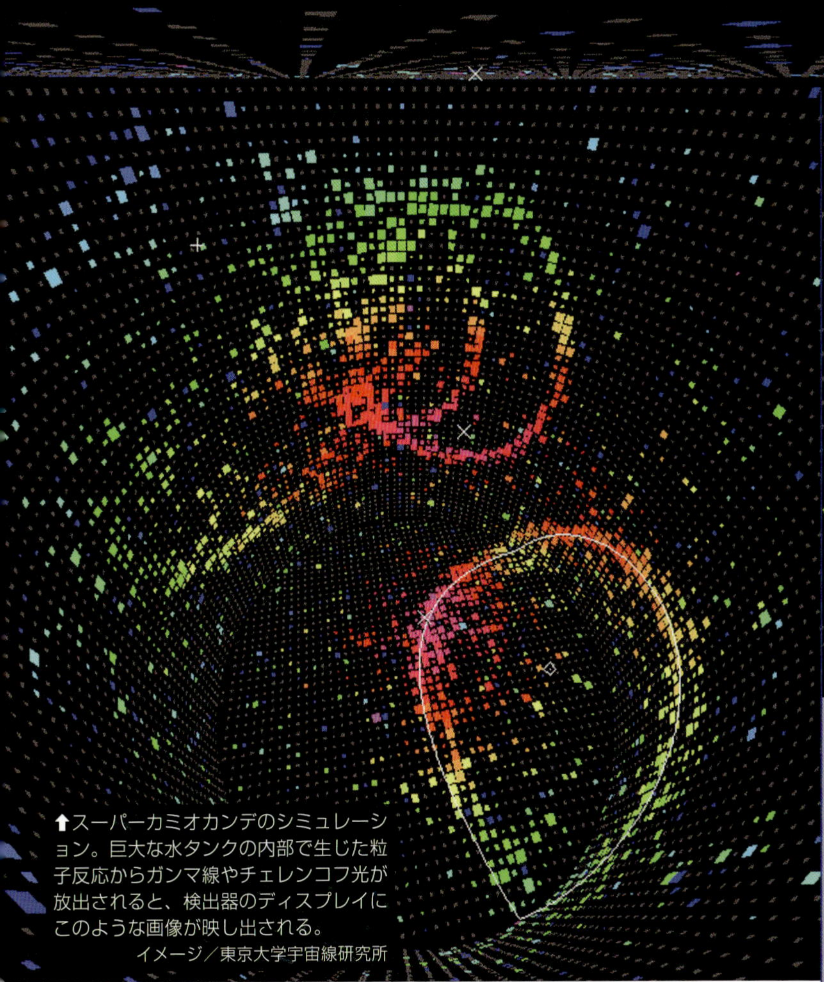

⬆スーパーカミオカンデのシミュレーション。巨大な水タンクの内部で生じた粒子反応からガンマ線やチェレンコフ光が放出されると、検出器のディスプレイにこのような画像が映し出される。
イメージ／東京大学宇宙線研究所

陽電子が結合して３つのクォークとなり、１個の陽子をつくる可能性がある。逆に、陽子が崩壊してパイ中間子と陽電子に変わる可能性もある。それが陽子崩壊である。

　大統一理論のひとつはこのシナリオをもとに、陽子が崩壊するまでの時間（陽子の寿命）は10の30乗年、すなわち１兆年の１兆倍のさらに100万倍のレベルだと予言する。そこでこれを確かめるため、日本のスーパーカミオカンデをはじめ、世界各地で陽子崩壊をとらえようとする観測計画が続けられている。

Particle Physics & the Big Bang ⑥

大統一理論はビッグバン理論を救う？

バリオン数は保存される

いまでは、ほとんどの天文学者や宇宙論学者、素粒子物理学者が、宇宙創成の理論としてビッグバン理論を受け入れ、信じている。

とすれば、一般社会でビッグバン理論に科学的根拠を示した上で疑問を呈することのできる人はほとんどいないであろう。

しかしこの理論は、他の重要な理論と必ずしも整合性がとれているわけではない。何より、本書のテーマの支柱をなしている素粒子の標準モデル（標準理論）と合致してはいないのだ。

標準モデルの重要な予言のひとつは、「バリオン数は保存される」というものだ。これは、ビッグバン直後の宇宙の超高温状態——純粋なエネルギーだけの状態——が相転移によって陽子をつくり出すときには、必ず陽子と同数の反陽子も生まれるということを意味する。このことは、これまでに加速器を使った実験でよく確認されている。

ところが、この法則をビッグバン理論にあてはめると大きな矛盾が生じる。もしビッグバン直後に陽子と反陽子、電子と陽電子が同数ずつ生み出されたなら、それらはただちに互いに打ち消しあって消滅し、エネルギーに戻ってしまったはずだ。「対消滅」と呼ばれる現象である。

ビッグバンから時間が経過して対消滅がほとんど起こらなくなったころ、宇宙に少量の物質と反物質が同数ずつ残っていたとしても、その密度はきわめて小さくなっていたはずだ。計算では、ビッグバンから100億年後、宇宙密度は実際の密度の100億分の１ほどになるはずだ

用語解説 **対消滅**：地球上では電子と陽電子の対消滅がもっとも一般的で、対消滅によって２本のガンマ線に変わる。そのエネルギーはＥ＝ｍｃ^{2}に従う。

とされている。

しかしこれほど物質粒子が希薄な宇宙では、われわれがいま見るような銀河も星々も生まれようがない。

ビッグバンを救い出す理論

このことから導かれる唯一の合理的な説明は、ビッグバンは起こらず、そこで仮定されている超高温・超高エネルギーの宇宙は存在したことがない、というものになってしまう。

この矛盾からビッグバン理論を救い出してくれるかもしれないのが、すでに見た大統一理論である。ただしその理論はある条件を満たしていなくてはならない。それは、さきほどのバリオン数が保存されず、反陽子（反物質）よりも多くの陽子（正物質）を生み出すメカニズムを内包するという条件である。

これなら、対消滅が終わった後にも現在の宇宙をつくれるくらいの陽子（正物質）を残すことができる。

しかしそのような条件を満たす大統一理論は実現していない。また仮にそれが実現したとすると、今度は別の困難な問題が生じる。モノポール（磁気単極子）と呼ばれる粒子や、ドメインウォール、テクスチャーなどと呼ばれる不規則な宇宙構造が存在するはずになるのだ。これまでの天文学者たちの努力をもってしても、そうした奇妙な粒子や宇宙構造は見つかっていない。

column

バリオン数の保存

陽子や中性子は３つのクォークが強い力によって結合してできている。このような粒子をバリオン（重粒子）と呼び、バリオン数を１とする。反陽子や反中性子もバリオンの一種で、バリオン数はマイナス１となる。

あるバリオンのバリオン数を知るには、（その粒子のクォーク数－反クォーク数）÷３を導けばよい。これはその粒子の性質を示す量子数を示している。

バリオンをつくるクォークの数は、（対消滅・対生成を除いて）粒子反応の前後で変化しない。これをバリオン数の保存と呼ぶ。

Particle Physics & the Big Bang ⑦

大統一理論から生まれたインフレーション宇宙

“白馬の騎士”出現す

ビッグバン理論は、いま見たほかにも、宇宙の地平線問題、宇宙の平坦性問題、ダークマター、ダークエネルギーなどさまざまな未解決の困難を抱えている（192ページ表）。どの困難も一朝一夕に解決するような問題ではない。

かつて地平線問題や平坦性問題がビッグバン理論の先行きを絶望的にさせていたころ、突如この理論を救おうとする“白馬の騎士たち”が現れた。マサチューセッツ工科大学のアラン・グースや東京大学の佐藤勝彦である。1980〜81年のことだ。

彼らは、ビッグバン理論の抱える困難は素粒子物理の理論である大統一理論を使えば回避できることに気づいた。そこで生み出されたのが「インフレーション宇宙論」である。

そしてこの理論は、ある条件下で粒子に質量を与える「ヒッグス場」——本書のメイントピック——がエネルギーを生み出し、インフレーションすなわち宇宙の指数関数的な膨張を引き起こすと予言したのである。

このときの宇宙の膨張速度はわれわれの想像力をはるかに超えるものだった。ともかく10のマイナス30秒、つまり１兆分の１の１兆分の１のさらに100万分の１秒ごとに大きさが倍々になったというのである。

そして、宇宙誕生直後にインフレーションが起こったとすれば、ビッグバン理論が抱えるさまざまな矛盾や困難が文字通り吹き飛んでしまうとされたのだ。

ビッグバンは安泰？

インフレーション理論はたちまち宇宙論研究者の間で大人気を博すようになった。これがあればビッグバン理論も安泰のように見えたからだ。

↑インフレーション理論は、ビッグバン宇宙モデルが抱える最大級の困難をいっきに解決するために駆けつけた“白馬の騎士”。
カット／細江道義

しかし前述のように、インフレーション理論の前提となった大統一理論が要求する陽子崩壊はいまだ見つからず、その他の実験的検証も成果をあげていない。宇宙創成に関わるこれら2つの理論は21世紀のいまもファジーなままである。

ビッグバン宇宙モデルが抱えるおもな未解決問題

困難	概要
その1 地平線の困難 （一様性の困難）	宇宙背景放射の温度はなぜ宇宙全域で一様、すなわち絶対温度で約3度（−270℃）なのか？宇宙の誕生から現在までに光が到達できる距離には限界がある（地平線距離という）。この距離以上に離れた2つの領域は互いに因果関係をもつことはできず、“地平線の向こう”の世界のはずである。現在の天体望遠鏡は、ビッグバンから約40万年後に背景放射が発せられたときに地平線距離の数十倍以上離れていた2つの領域を同時に観測できる。だがいずれの領域の温度もまったく同じである。これは、誕生直後の宇宙が地平線距離を超えて混ざり合い温度が均一化したとする以外に説明できないが、それはあり得ないことである（これはビッグバン宇宙論にインフレーション理論を導入することで理論的には克服された）。
その2 宇宙の平坦性の困難	宇宙が永遠に膨張していく（開いた宇宙）のか、それともいつか収縮に転じて消滅する（閉じた宇宙）のかは、宇宙の物質密度によって決まる。観測による現実の宇宙は両者の中間（平坦な宇宙）にあるように見えるが、このような宇宙をつくり出すには、誕生時の宇宙の密度は「臨界密度」（注1）にきわめて厳密に一致していなくてはならない。だが誕生直後の宇宙の量子揺らぎを考えると、これはありそうもないことである（これもインフレーション理論によって克服された）。
その3 特異点の困難	ビッグバン宇宙モデルでは、誕生の瞬間の宇宙は“点”である。この点に現在の宇宙のすべてがつめ込まれていた。とすると、大きさのない点は温度も密度も無限大の「特異点」となり、そこではどんな物理学も意味をなさず議論もできない。そのようなものがなぜ存在し、あるとき突如として宇宙を形成したのか――この宇宙モデルは答えることができない。
その4 モノポール問題	現在の宇宙をつくっている物質（原子核）がビッグバン宇宙の中でどのように生み出されたかは、素粒子物理の大統一理論（GUT）を用いなければ説明することができない。だがこの理論（未完成ではあるが）によれば、宇宙誕生直後のような途方もない高温の中では、電磁気力、弱い力それに強い力は互いに見分けのつかない対称性状態にあった。 とすると、初期宇宙には非常に大きな質量をもつモノポール（磁気単極子）が存在し、それは現在の宇宙にも存在するはずである。だがこれまでの観測努力にもかかわらずモノポールが発見されないのはなぜか？

注1／宇宙全体で膨張の勢いと物質どうしの間の引力がちょうど釣り合う密度。この密度のとき宇宙は平坦となる。1 cm^3 あたり10のマイナス29乗グラムとされている。

困　難	概　　　要
その5 **4次元の困難**	われわれの生きているこの時空が（「特異点の困難」で見たように）特異点から生まれたのなら、その宇宙はなぜ4次元時空となったのか。人間は5次元以上が認識できないだけか？
その6 **ビッグバン直後の対消滅**	ビッグバン宇宙モデルは、誕生直後の宇宙の超高温・超高密度のエネルギーから物質が生成されたとしている。しかし粒子加速器で何百何千回と繰り返された実験で、陽子が生まれるときには同数の反陽子も同時に生まれることがわかった。ビッグバン直後にもこれと同じ出来事があったなら、陽子と反陽子は完全に対消滅を起こし、現在の宇宙の物質密度は実際の観測値の数万分の1になっているはずである。まったくそうなっていないのはなぜか？
その7 **軽い元素の存在比**	現在の宇宙に存在する軽い元素（水素、ヘリウム、重水素、ヘリウム3、リチウム）はビッグバンによって生み出されたとされている。しかしこれまでの観測では宇宙のヘリウムの存在比は22パーセントで、ビッグバン宇宙モデルの予言（25パーセント）とは一致しない。ビッグバン宇宙モデルはヘリウムと重水素、それにリチウムの生成量を相互に関連づけており、ヘリウムが22パーセントなら、重水素は観測される量の10倍、またリチウムは4倍存在しなくてはならないという矛盾が生じる。
その8 **行方不明のダークマター**	ビッグバン宇宙モデルを支えるインフレーション理論は、宇宙の物質密度は臨界密度にほぼ等しいことを要請している。しかし実際に観測される物質密度はその数パーセントにも満たず、残りの90数パーセントは観測不可能なダークマター（暗黒物質）およびダークエネルギーとされており、いまだにその正体はまったくわかっていない。
その9 **宇宙大規模構造の年齢**	近年発見された超銀河団複合体、グレートウォール、ヴォイドなどの宇宙大規模構造がビッグバン宇宙の中でつくられるには、銀河の運動速度（光速の500分の1）をもとに計算すると600億〜800億年かかる。新しい観測では大規模構造はさらに大きくなる可能性もある。またこれらの構造が100億年以上前から存在したこともわかっている。これは宇宙の年齢についてのビッグバン宇宙モデルの推測（137億年）とは大きく食い違っている。
その10 **減らないクエーサー**	ビッグバン宇宙モデルによれば、宇宙のもっとも遠方の天体（電波銀河やクエーサー）は宇宙のより遠い過去、つまりビッグバンからあまり時間がたっていない時代の天体である。したがって、より遠くを観測すればするほど銀河やクエーサーは少なくなると考えられていた。しかし観測技術の発達でいまや100億光年以上（ビッグバンから10億〜数十億年後）の距離にある天体の光をキャッチするまでになっても、銀河やクエーサーの数は少しも減少しないことがわかってきた。そして、これら最遠の銀河やクエーサーにおいても太陽と同程度の重元素量が観測され、すでに恒星形成が起こっていることも示された。これらはどれも理論と合わない。

作成／© 矢沢サイエンスオフィス

Particle Physics & the Big Bang ⑧

ダークマターとダークエネルギー

ビッグバンを修正する

　前述のグレートウォールやヴォイドに代表される宇宙大規模構造が1980年代に発見されたとき、宇宙論は新たな難題を抱えることになった。

　というのも、ビッグバンに始まった宇宙進化の過程でこれらの大構造ができるまでにはとほうもない時間がかかるはずであり、ビッグバン理論が導き出した宇宙の年齢137億年ではとうてい時間が足りないことになる。

　ところがここで、もし宇宙にはわれわれが観測できるよりはるかに多くの物質が存在し、それらの大半は電磁気力の作用しない“ダークマター（暗黒物質）”なので観測できないのだと考えれば、この問題は解決するという見方が登場した。ダークマターが存在すればビッグバン理論は正しく修正されるというのである。

⬆NASAの衛星WMAP（想像図）。
イラスト／NASA/WMAP Science Team

　以来、各国の宇宙論学者がシミュレーションを重ね、また2000年代前半にはNASAのマイクロ波観測衛星（WMAP。左図）が全天の背景放射を観測して、ひとつの答えを導いた。

　それは、宇宙にあるふつうの物質は全質量のわずか4パーセントでしかなく、残りの22パーセントはダークマター、74パーセントは“ダークエネルギー”だというものだった。これらを

用語解説 **マイクロ波観測衛星（WMAP）**：2001年にNASAが打ち上げた宇宙観測衛星（左図）。ビッグバンの名残の熱放射である宇宙マイクロ波背景放射の温度を全天にわたって観測した。

図7 宇宙をつくる物質(質量)の割合

ダークマター 22パーセント

電磁気力の影響を受けないので観測不能だが、ふつうの物質と重力相互作用を行う未知の物質。ダークマターがなければ現在の宇宙の姿は存在しなかった。

ダークエネルギー
74パーセント

宇宙の膨張を加速させている“不可視の存在”で、ビッグバン理論が直面する深刻な問題のひとつ(197ページコラム参照)。

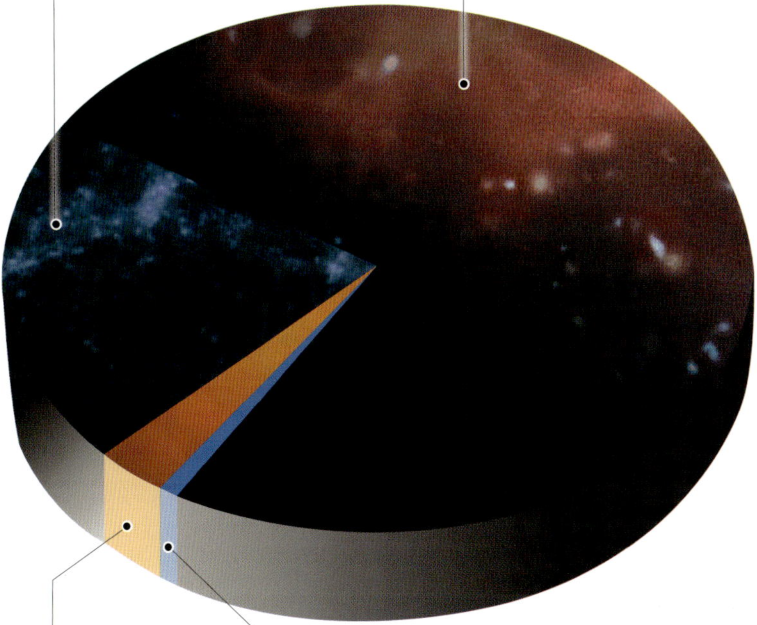

星間ガス
3.6パーセント

宇宙の観測可能な物質（質量）の大半は銀河空間を漂う星間ガスである。

星や惑星などの天体 0.4パーセント

人間が天体望遠鏡で観測している銀河や恒星などの全質量は宇宙の全質量の0.4パーセントでしかない。

⬆かつてはこのグラフのオレンジとブルーの部分のみが宇宙の全質量と考えられていた。しかしその後ダークマターの存在が明らかになり、さらに近年ダークエネルギーの存在が浮上したため、われわれの常識的な宇宙観は根底から覆されることになった。 資料／NASA

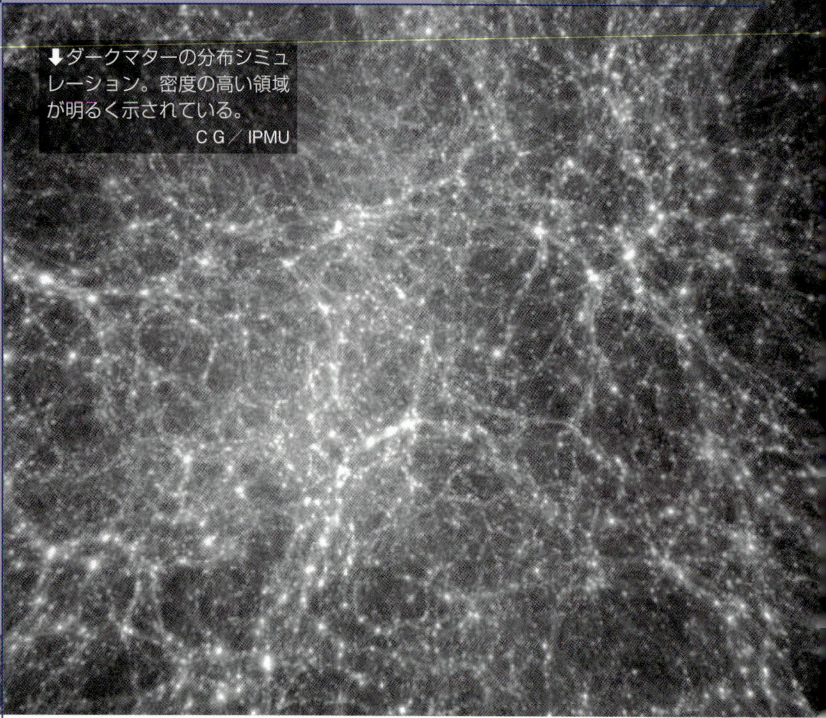

⬇ダークマターの分布シミュレーション。密度の高い領域が明るく示されている。
ＣＧ／IPMU

合計したものが宇宙の全質量だというのである。

なぜダークエネルギー？

ちなみにここではじめて登場したダークエネルギーとは何か？　それは、1990年代に知られるようになった宇宙膨張の加速を説明するために持ち込まれた正体不明のエネルギーである。

それまで、ビッグバンで誕生した宇宙は現在に至るまで同じペースで膨張し続けているか、または自らの重力（引力）によってブレーキがかかり膨張速度が落ちつつあるかのいずれかだと考えられていた。だが観測によって膨張が逆に加速していることがわかった。いったいどんな力が膨張を加速させているのか――いくつかのアイディアは出されているものの、その正体はまったくの謎である。

こうしてビッグバン理論は、いままた新たな謎と困難に直面することになったのである。

Column

ダークエネルギーの候補

ダークエネルギーの正体として現在２つの候補があげられている。「宇宙定数」と「クインテセンス」である。

宇宙定数はもともとアインシュタインが自らの重力場の方程式の中にもち込んだアイディア。彼は自分の考えた静的宇宙、つまり膨張も収縮もしない静止した宇宙は、自らの重力（引力）によってたちまち収縮し消滅してしまうことに気づいた。

そこで1917年、彼は宇宙には物質どうしがはねつけ合う力（斥力）が存在すると仮定した。重力と斥力が均衡すれば宇宙はその状態を保つことができる。この力は「宇宙項」と呼ばれた。だが後にアインシュタインはこのアイディアがうまくいかないことに気づき、「人生最大の失敗」とまで述べて宇宙項を削除してしまった。

しかし彼の死から半世紀近くが経ち、この宇宙項（斥力）は現代的な“真空のエネルギー”に姿を変えて息を吹き返し、21世紀の宇宙論学者の注目を引いている。

他方のクインテセンスは、真空のエネルギーよりさらに仮想的である。これは、宇宙の基本的な４つの力に“第５の力”として加えられるもので、それも宇宙進化の時間経過とともに変化する。

その不可思議な力は、ビッグバンから100億年後に引力から斥力へと裏返った。それ以後、宇宙の膨張は加速し始めたというのである。ただし、ダークエネルギーの存在そのものを否定する宇宙論学者もいる。

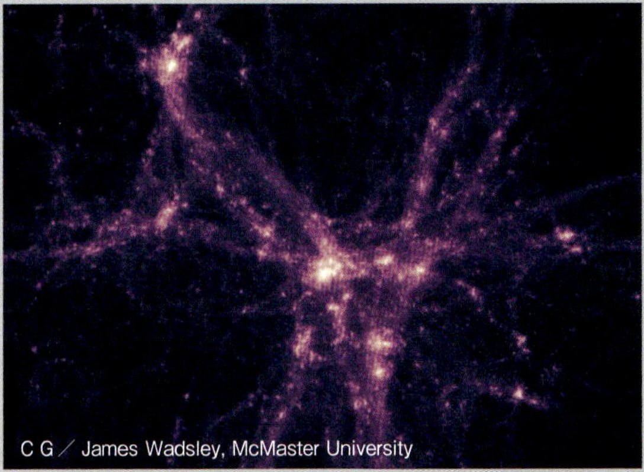

⬅ダークエネルギーのイメージ。宇宙の質量の主役か、それとも天文学者と宇宙論学者の勘違いの産物か？

Particle Physics & the Big Bang ⑨

大統一理論と超ひも理論

セオリー・オブ・エブリシング

すでに見たように、3つの力を統一しようとする大統一理論を支えてくれそうな観測的証拠は何も得られていない。

そこで物理学者の中から、この理論を飛び越えて、素粒子に力を及ぼす3つの力だけではなく、はるかに微弱な重力をも含めた究極の理論を生み出そうとする人々が現れた。

このような理論は文字通り、「究極理論」「セオリー・オブ・エブリシング（TOE：すべてを説明する理論）」「超重力理論」などさまざまな名前で呼ばれることになった。

それらの試みの中でとりわけ注目されたのが「超ひも理論（超弦理論。スーパーストリング・セオリー）」である。1970年頃にそうした試みの基礎を築いた理論物理学者には、日系アメリカ人南部陽一郎も含まれている。

この理論では、従来の常識でもあった「素粒子は数学的な点である」という基本的見方が放棄されていた。そこでは素粒子は極微の長さの“ひも（ストリング）”だというのである。

このひもは厚さがゼロで長さは有限である。典型的な長さは10のマイナス13乗センチメートルと、陽子の直径よりはるかに短い。このひもが振動することによってあらゆる素粒子が紡《つむ》ぎ出されるという。そこでは重力も量子化され、はじめて他の3つの力と統一的に扱うことができることになった。

多次元空間の超ひも

この理論はきわめて複雑な数学的形式を用いており、素粒子としての超ひもは、われわれの

用語解説 **超重力理論**：ひも（弦）を基本要素とすれば重力も量子化できる可能性がある。そのため超ひも理論は重力をも含めたすべての力を統一した超重力理論すなわち究極の理論になり得ると期待され、さまざまなモデルがつくられている。

⬆超ひも理論が予想する空間の余剰次元はこのような形（カラビ－ヤウ空間）をしているという。ただしこの空間次元は折りたたまれており（コンパクト化）、人間には認識できない大きさ（小ささ）なので、実験や観測で確認することはできない。

知っている３次元空間や４次元時空ではなく、10次元などの多次元空間に存在する。４次元以外の６つの次元は折りたたまれて“コンパクト化”されているため、われわれは何も認識することができない。

超ひも理論はたしかにこの世界のすべてを統一的に扱えるかもしれない。しかしこの純粋数学的な理論の予言は、どのようにしても実験や観測で検証する

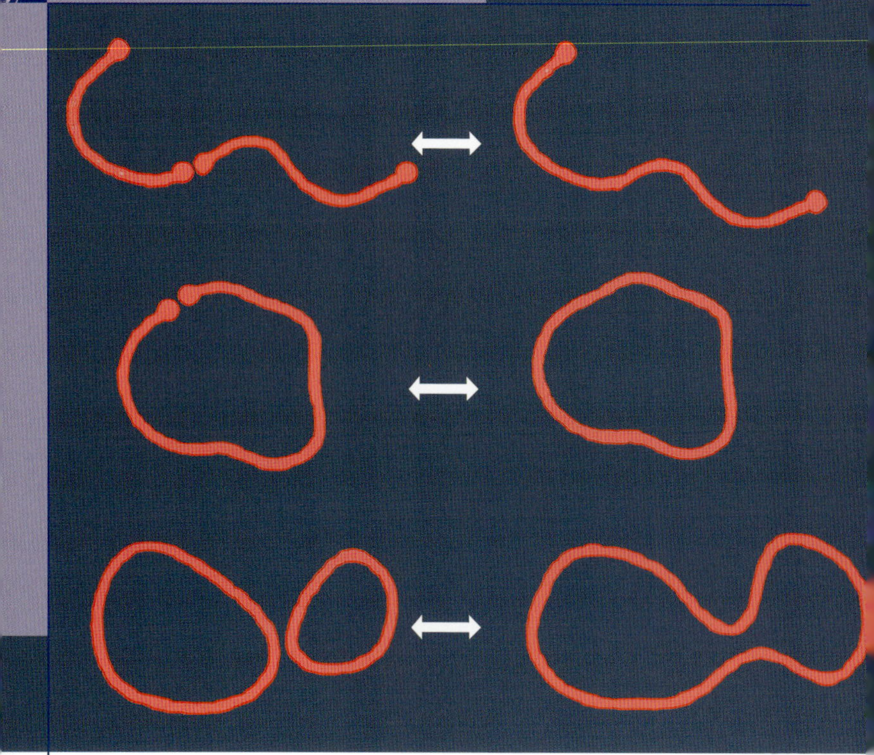

↑超ひも（スーパーストリング）は円を描くような形をしており、開いたり閉じたり、あるいは切れたりつながったりする。これがさまざまに振動するとき、われわれにはあらゆる種類の素粒子として認識されるという。“超（スーパー）”は超対称性（スーパーシンメトリー）の意味である。

ことができない。

自然界にどこまでも「対称性」を求める行為の行き着いた先が超ひも理論である。そこでは理論と実験は完全に乖離している。この理論を見て、「現代科学の経験主義的手法が（古代ギリシアの）プラトン的イデアへと後退した」と批判する物理学者もいる。

しかし超ひも理論はブラックホールや宇宙論の研究を後押しするプラスの影響を生み出したともされている。超ひも理論に代わるより現実的な究極の理論の候補が提案される日まで、われわれはしばらく超ひもの成り行きを見守るしかなさそうである。

補遺

素粒子キーワード

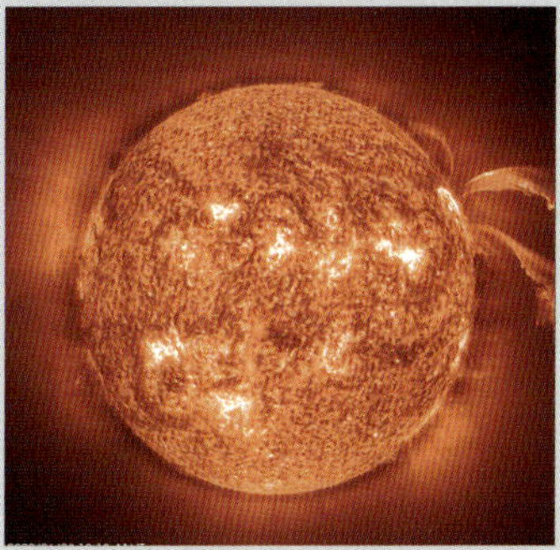

写真：SOHO（ESA & NASA）

アトラス●ATLAS

セルン（CERN）の粒子加速器LHCの主要な粒子検出器のひとつで、全長46メートル、高さ25メートル、重量7000トン。CMS検出器とともにヒッグス粒子の探索、素粒子の標準モデルの検証およびそれを超える理論の探究、宇宙誕生の謎、ダークエネルギーなどについて陽子－陽子衝突反応を通じて調べる。アトラス、CMSの実験・解析にはそれぞれ35カ国の研究者約2000人が携わる。（→LHC、セルン）

ウィークボソン●weak boson

基本粒子間にはたらく弱い力（弱い相互作用）を媒介するゲージ粒子で、電荷をもつ$W^{\pm}$粒子と電荷をもたないZ^{0}粒子の総称。

1935年、湯川秀樹が中間子論によって核力を媒介する粒子の概念を提出、そこにウィークボソンについての初期の提案があった。60年代に入るとこれがW粒子と呼ばれる媒介粒子の形で復活し、その予測される質量が陽子の50倍以上と大きいために弱い相互作用の到達距離を小さくしていると考えられた。

その後、ワインバーグらが提出した電弱統一理論によって新たにZ^{0}粒子が導入され、1983年に加速器実験により３つの粒子の存在が確認された。電弱統一理論の裏付けとなった。

宇宙線●cosmic ray

大気圏外から地球に降り注ぐ高エネルギーの粒子や光子。太陽活動、超新星爆発、銀河中心部の活動などによって放出される陽子や電子、原子核、ガンマ線などであり、これらは大気に衝突して電子やニュートリノ、中間子、ミューオンなどの粒子やガンマ線を生み出す。大気圏に入る前の宇宙線を１次宇宙線、大気との衝突で生じる宇宙線を２次宇宙線と呼ぶ。

LHC●Large Hadron Collider（大型ハドロン衝突型加速器）

スイスとフランスの国境の地下100メートルに建設されたセ

ルンの巨大粒子加速器で、2008年に稼働を開始した。リングの直径は9km、周長は27km。加速器の内部では２本の陽子ビームが電場によって逆方向に亜光速（7TeV=７兆電子ボルト、合計14TeV）まで加速される。またこれらの陽子ビームは加速リングに沿って配置された多数の超伝導磁石によってその軌道を精密に制御される。LHCはヒッグス粒子、隠れた対称性、宇宙のダークマターなどの探索を行う。アトラスとCMS以外の検出器に、重イオン衝突用のアリス（ALICE）およびB中間子の研究を行うLHCbがある。（→セルン、アトラス、CMS、ヒッグス粒子）

カラー（色）● color

クォークやグルーオンのもつ基本的な性質のひとつ。色荷（しきか）ともいう。クォーク理論では、１個のハドロンを構成するクォークの組の中に同じ種類のクォークが存在することになり、「パウリの排他原理」と矛盾する。これを回避するため、1970年代に南部陽一郎らが導入した。強い力が作用する際、電磁気力における電荷のような役割を果たす。（→クォーク、グルーオン、パウリの排他原理、量子色力学）

基本粒子（素粒子）●
fundamental particle, elementary particle

現在の知識ではそれ以上細分化できない粒子――クォーク、レプトンおよびゲージ粒子――をいう。

共鳴状態 ● resonance state

共鳴とは一般に、物質がもつ固有の振動に一致する波長をもつエネルギーに対して物質が強く反応することであり、素粒子の世界では以下の意味をもつ。

粒子の衝突反応は、特定のエネルギーになると反応の確率が突然高まる。これはこのエネルギーに相当する質量をもつ粒子が生まれ、それがきわめて短時間で崩壊した現象と考えることができる。このような“粒子”を共鳴状態、または「共鳴粒子」と呼ぶ。

クォーク●quark

強い力がはたらく基本粒子で、陽子や中性子、中間子などのハドロンを構成する。クォーク３個でバリオン１個を、クォークと反クォークの対で中間子をつくる。クォークは半端な電荷をもつが、粒子を構成するときには電荷の計は整数となる。クォークが単独で確認された例はない。

クォークにはアップ、ダウン、ストレンジ、チャーム、ボトム、トップの６種類があり、これらの種類は「フレーバー（香り）」と呼ばれる。

６種類のクォークにはそれぞれ、赤、青、緑の「カラー（色荷）」をもつ３種類があり――目に見える色ではないが――、全体の色荷が無色になる組み合わせでハドロンをつくると考える。

これらのうち逆の色どうしの間には引力がはたらくが、それは近距離では弱く遠距離で強くなる。そのためクォークを単独でハドロンの外に引き出そうとすると、強大な張力がはたらいて引き戻してしまう。これを「クォークの閉じ込め」という。この色の力が、強い力（強い核力）の源と見られている。（→ グルーオン、強い力）

グラビトン（重力子）●graviton

重力を媒介する質量０、電荷０の仮想的なゲージ粒子で、質量をもつ粒子間に作用する。アインシュタインの「一般相対性理論」に従えば、電磁場を量子化するとフォトン（光子）が現れるように、重力場を量子化するとグラビトンが現れる。この粒子はまだ発見されてはいないが、1974年のパルサーの観測からその存在は間接的に示された。

グルーオン●gluon

クォーク間にはたらく色の力（色の相互作用）を媒介するゲージ粒子。強い力の媒介粒子とみなされており、質量は０。クォークと同様、グルーオンも単独では検出されていない。

グルーオンには8種類の色荷があり、クォークの色荷のもとになっている。クォークどうしを結びつけておく力は、グルーオンが色荷を運ぶことによって生ずる。したがってクォークの色荷はたえず変わるが、全体としてハドロンの色はつねに無色に保たれる。グルーオンは他のゲージ粒子とは異なり、グルーオンどうしでも作用し合う。(→ 強い力、クォーク、量子色力学)

K中間子(ケイオン)● K meson (Kaon)

ストレンジネス（奇妙さ）をもつ中間子の一種。1940年代末に宇宙線の中から発見された。K中間子には電荷＋1と0の正粒子（K^+、K^0）とそれぞれの反粒子がある。

ゲージ粒子● gauge particle

力を媒介する粒子の総称。ゲージ粒子にはフォトン（電磁気力を媒介)、ウィークボソン（弱い力を媒介)、グルーオン（強い力を媒介)、そしてグラビトン（重力を媒介）がある。このうちグラビトンは発見されていない。

光子(フォトン)● photon

電荷をもつ粒子間で電磁気力を媒介するゲージ粒子。質量0、電荷0のフォトンはエネルギーと運動量を失わずにこの宇宙を無限に進むことができるため、電磁気力の到達距離は無限大。

重力(重力相互作用)● gravitational force (gravitational interaction)

自然界の4つの力の1つ。質量をもつすべての粒子間に引力としてはたらく。到達距離は無限大だが、力の強さ（相互作用の定数）は4つの中で最小。しかし天体の運動や銀河の形成などの宇宙的スケールの現象では、電磁気力は相殺されておもに重力だけが影響力を行使する。(→ グラビトン)

ストレンジネス(奇妙さ)●strangeness

素粒子の性質を示す量子数のひとつで、強い力および電磁気力が作用して短時間で起こる粒子の崩壊に影響を与える。宇宙線の中や加速器実験で見つかったある種の粒子はつねに対になって生成されたが、理論的予測よりもゆっくりと崩壊した。この奇妙な性質を説明するためにマレー・ゲルマンや西島和彦によってストレンジネスが導入された（西島は当初、エータ荷と呼んだ)。この性質をもつクォークをストレンジクォークと呼ぶ。

スピン●spin

粒子のもつ基本的性質（量子力学的な自由度）のひとつで、回転角運動量に相当する。自然界のすべての粒子は整数または半整数のスピンをもつ。またハドロンのスピンは、それをつくっているクォークのスピンの単純な加算に従う。

Z粒子(Zボソン)●Z particle, Z boson

電気的に中性のウィークボソン。質量約92GeV。(→ウィークボソン)

セルン(CERN＝ヨーロッパ原子核研究機構)●Europian Organization for Nuclear Research

世界最大級の素粒子物理学の研究所。スイスのジュネーブ近郊、フランスとの国境近くにある。ヨーロッパ各国の共同出資により1954年に設立され、LEP、LHCなどの巨大粒子加速器を建造してきた。インターネットのワールドワイドウェブ（WWW）はセルンで研究者間のデータや情報、文献の共有および検索用に開発され、その後世界中に広まった。

相対性理論●Theory of Relativity, Relativistic Theory

ドイツ出身の物理学者アルベルト・アインシュタインが発表した特殊相対性理論（1905年）および一般相対性理論（1916年）を指す。相対論とも。特殊相対性理論は光の速度は一定とする観測事実をもとに、時空の伸び縮みや時間の遅れ、質量とエネルギーの等価性（$E=mc^2$）について論じた。一般相対性理論は、重力と加速度は同じもの（等価）であるとして特殊相対性理論を拡張し、重力を扱った。

相対性理論は量子力学と並んで現代物理学の基礎をなすが、量子力学との融合には成功しておらず、ミクロのスケールでは破綻する。

素粒子 → 基本粒子

対称性●symmetry

物質や現象が回転や移動などの変換を行っても変化しないこと。たとえば物体が鏡に映しても同一に見えるときには鏡像対称性（空間反転対称性＝パリティ対称性））、回転させても変化しないときには回転対称性、時間の向きを逆にしても変化しないときには時間対称性が成り立つ。

対称性の破れ●symmetry breaking

物質や現象に対して何らかの変換を行ったときに同一ではなくなる（対称性が成立しなくなる）こと。たとえば「CP対称性の破れ」とは、電荷（C：charge）の正負を逆にし、パリティ（P）を逆にしたときに物質や現象に違いが生じることをいう。

タウ粒子●tauon, tau particle

標準モデルの第３世代に属するもっとも重いレプトン。1975年、カリフォルニアのスタンフォード線型加速器センターにおける電子-陽電子衝突実験で発見された。ギリシア語のタウはトリトン（３番目）を意味する。荷電レプトンのうち３番目に発見されたのでこう命名された。

ダークエネルギー（暗黒エネルギー）●dark energy

宇宙の膨張を加速させている未知のエネルギー。宇宙全体のエネルギーは普通の物質（バリオン）が４パーセントであり、残りはダークマターが20パーセントあまり、ダークエネルギーが約70パーセントを占めるとされている。ダークエネルギーは真空のエネルギーに起源をもつとする見方が出ているが、いまだ定説はない。(→ダークマター)

ダークマター(暗黒物質)●dark matter

銀河の回転運動などから存在が推測されるものの、現在の電磁波による観測ではとらえることのできない物質。その正体は不明。(→ダークエネルギー)

W粒子(Wボソン)●W particle, W boson

弱い力を媒介するウィークボソン（W粒子とＺ粒子）のひとつ。陽子の約80倍と他の素粒子に比べて大きな質量をもち、ごく短時間で別の粒子に崩壊する。正電荷をもつW^+粒子と負電荷をもつW^-粒子があり、両者は互いに反粒子の関係にある。(→ウィークボソン)

中間子(メソン)●meson

１つのクォークと１つの反クォークからなる亜原子粒子で、標準モデルではハドロンの一種。メゾン、メソン、あるいは旧称としてメソトロン、メゾトロン、湯川粒子の名がある。

1935年、湯川秀樹は強い力（強い核力）を媒介する粒子として電子の約200～300倍の質量をもつ粒子の存在を予測し、これを中間子と名づけた。その２年後、宇宙線の中から電子の200倍の質量をもつ粒子が見つかり「ミュー中間子」と名づけられたが、これは強い力とは無関係であることがわかった。そこで坂田昌一らが別の中間子を求める修正案を出し、1947年にイギリスのセシル・パウエルが宇宙線の中から本当の中間子「パイ中間子」を発見した。これによって湯川の理論の正しさが証明され、湯川はノーベル物理学賞を受賞した。

中性子●neutron

強い力により陽子と結合して原子核をつくる粒子で、バリオンのひとつ。陽子とともに「核子」と呼ばれる。中性子は原子核の外に出ると半減期約15分で崩壊し、電子と反ニュートリノを放出して陽子に変わる。1932年にイギリスのジェームズ・チャドウィックによって発見された。アップクォーク1個とダウンクォーク2個からなり、電荷は0。質量は約939.6MeVで、陽子よりわずかに重い。

超対称性●supersymmetry (SUSY)

超対称性とはフェルミオンとボソンを入れ換える操作による対称性。超対称性理論は、素粒子の標準モデルを構成するすべての粒子がパートナー（対）になる粒子をもつとする理論。フェルミオンはボソン、ボソンはフェルミオンのパートナーをもつとする。たとえばフォトン（光子）のパートナーはフォティーノ、クォークのパートナーはスクォーク（スカラークォーク）。

超対称性理論は強い力、弱い力、電磁気力の3つの力を統一させることができるなど標準モデルに比べていくつかの利点をもつが、いまのところ超対称性粒子は発見されていない。(→標準モデル)

対消滅●annihilation

粒子と反粒子が衝突によって消滅し、粒子の質量分のエネルギーをもつ光（ガンマ線などの電磁波）を発する現象。逆の反応は対生成。

対生成●pair production

高エネルギーの光（電磁波）から粒子と反粒子が対になって生成する現象。一般に光が原子核に衝突したときに起こる。宇宙創生期には真空から粒子と反粒子が対生成したと考えられている。

強い力（強い相互作用）●
strong nuclear force (strong interaction)

自然界の４つの力のうちの１つで、中性子や陽子をつくっているクォークどうしの間にはたらく色の力（色荷）に由来すると考えられる。粒子間の距離10^{-15}（10のマイナス15乗）メートル以内では電磁気力の強さを上回るため、原子核の中で正電荷をもつ陽子と中性子をひとつに結合しておくことができる。強い力を媒介する粒子はグルーオンと呼ばれる。（→ グルーオン）

テバトロン ● Tevatron

アメリカ、フェルミ研究所の粒子加速器。陽子と反陽子を衝突させることによって２兆電子ボルト（２TeV）のエネルギーを生み出すことができた。1983年に稼働開始、トップクォークの発見、ヒッグス粒子の質量の絞り込みなどに貢献したが、2011年９月に運転を停止した。

電子 ● electron

最初に発見された素粒子で、レプトンの一種。1897年、イギリスのJ・J・トムソンは、陰極線が負の電荷をもつ小さな粒子の流れであることを突き止め、この粒子を電子と名づけた。電子の電荷を－１としたとき、自然界に存在する物質の電荷はすべてその整数倍で表される。

質量は今日知られている電荷をもつ粒子の中でもっとも小さく、陽子の質量の約1800分の１（約0.51MeV）。寿命の下限は2×10^{22}年（１兆年の200億倍）できわめて安定している。

電子ボルト ● electron volt

粒子のエネルギーや質量を表す単位。記号はeV。１個の電子に１ボルトの電圧をかけたときに電子が得る運動エネルギーを１電子ボルトといい、およそ1.6×10^{-19}ジュール。アインシュタインの$E=mc^2$の式に従って、１電子ボルトは1.78×10^{-36}キログラムとなる。素粒子の質量は一般にこの単位で表す。粒子加速器の能力もこれで表記する（1 MeV＝100万電子ボルト、1 GeV＝10億電子ボルト、1 TeV＝1兆電子ボルト）。

電磁気力（電磁相互作用）● electromagnetic force (electromagnetic interaction)

電荷をもつすべての粒子どうしの間にはたらく力。正電荷をもつ粒子と負電荷をもつ粒子の間には引力として、同じ電荷をもつ粒子間では斥力（反発力）としてはたらく。正の電荷をもつ原子核のまわりに負の電荷をもつ電子をつなぎ止めておく力でもある。力の及ぶ距離は無限大で、フォトン（光子）によって媒介される。

統一モデル（統一理論）、統一場理論● unified theory, unified field theory

自然界の4つの力（強い力、弱い力、電磁気力、重力）および素粒子の関係性をひとつの理論的枠組みによって説明するための理論。場の理論を利用するため、統一場理論とも。重力を除いた3つの力の統一については大統一理論と呼ばれる。

ニュートリノ● neutrino

電荷をもたず、質量がきわめて小さいレプトンの一種。電子ニュートリノ、ミューニュートリノ、タウニュートリノの3種類（3世代）がある。このうち少なくとも2種類は質量をもつとされる。

ニュートリノは1930年にヴォルフガンク・パウリが理論的に予測し、1956年に反ニュートリノの形で見つかった。

パウリの排他原理● Pauli exclusion principle

1952年、ヴォルフガンク・パウリによって提唱された量子力学の基本原理。原子や分子の中の電子がとり得る状態は4種類の量子数で決まるが、2個以上の電子が同じ量子数の組をもつことはできないというもの。たとえば電子の軌道は3つの量子数で決定され、４つ目がスピンの向きを決めている。このため１つの軌道にスピンの向きが同じもう１つの電子は入れない。

電子のほか、核子、ニュートリノ、クォークのように半整数のスピンをもつすべての素粒子はこの排他原理に従う。（→フェルミオン）

ハドロン●hadron

クォークからなる内部構造をもち、強い力による相互作用を起こす素粒子の総称。クォークおよび反クォークの計３個から構成されるバリオン（重粒子。中性子や陽子など）族と、クォークと反クォークの対からなる中間子族に大別される。ハドロンの多くはごく短い寿命をもち、崩壊をくり返して、最後に安定した基本粒子になる。

場の理論●field theory

古典力学的には、数学的な座標を利用して空間内ではたらく力を記述あるいは視覚化する理論であり、場は空間の各点の物理状態を示す。場の量子論では場の各点に量子力学を適用する。量子力学における場は真空でもゆらぎ、粒子が生成・消滅する。

バリオン（重粒子）●baryon

３つのクォークからなる亜原子粒子（陽子や中性子など）で、標準モデルのハドロンの一種。強い力の相互作用を受けるフェルミオンでもある。ギリシア語のバリス（重い）からの命名。さまざまな原子のように質量の大きなバリオンでできた物質を「バリオン物質」と呼ぶことがある。

パリティ（偶奇性）●parity

粒子を空間反転（鏡に映した状態）したとき、粒子の状態が変わらなければパリティは正、変わるときにはパリティは負であるという。初期の素粒子物理学では、素粒子反応の前後でパリティは保存される（変わらない）と考えられていたが、

1950年代、弱い力の関係する現象ではパリティは保存されないこと（パリティの破れ）が発見された。

反粒子●antiparticle

すべての粒子は反粒子をもつ。反粒子は通常、自然界に存在する“正”粒子に対して、質量や寿命は同じだが電荷などの符号が逆転している。ただし質量０で電荷をもたない（＝符号のない量子数をもつ）フォトンのような粒子では、それ自身が自身の反粒子とみなされる。

ヒッグス粒子●higgs boson

素粒子の標準モデルにおいて、本来質量をもたないゲージ粒子が真空の自発的破れによって質量を獲得するとき、物質粒子とゲージ粒子の双方に質量を与えるものとしてピーター・ヒッグスらが導入した仮想粒子。2012年までにセルンの加速器ＬＨＣの実験でその存在がほぼ検証されたと発表されている（本書のテーマでもある）。真空にはもともと「ヒッグス場」と呼ばれるゲージ場が存在し、この場を量子化したものがヒッグス粒子と解釈される。

ビッグバン●big bang

われわれの宇宙は約140億年前の誕生時には超高温・超高圧の火の玉のような状態であったとする理論。宇宙の進化についての現在の説明は、ビッグバン理論に素粒子の生成や力の統一の理論を組み入れたもの。

標準モデル（標準理論、標準模型）●standard model

現時点で実験・観測にもっとも適合している素粒子モデル。この宇宙を構成する素粒子は３世代のクォーク、３世代のレプトン、４種類のゲージ粒子、およびヒッグス粒子の17種類の素粒子だとする。理論的背景として電弱統一理論と量子色力学があり、これらにより粒子の相互作用の大きさ、反応の確率などを計算することができる。しかし、レプトンがなぜ3世代あるのか、重力はなぜこれほど小さい力なのかなど、標準モデルでは説明できない問題も少なくない。(→超対称性)

フェルミ粒子(フェルミオン)●fermion

半整数（1/2、3/2、5/2など）のスピンをもつ粒子であり、同じ系の粒子は同一の物理状態をもたない(パウリの排他原理)。フェルミオンは量子力学的な統計のひとつフェルミ=ディラック統計にしたがって分布する。(→パウリの排他原理、ボソン)

フレーバー(香り)●flavor

クォークの種類をいい、アップ、ダウン、ストレンジ、チャーム、ボトム（またはビューティー）、それにトップが確認されている。アップとダウンをクォークの第1世代、ストレンジとチャームを第2世代、ボトムとトップを第3世代と呼ぶ。この先にまだ別の世代がある可能性も残されている。

ボース粒子(ボソン)●boson

整数のスピンをもつ粒子で、同じグループの粒子でも同一の量子状態をとることができる。ボソンは量子力学的な統計のひとつ、ボース=アインシュタイン統計にしたがって分布する。

ミュー粒子(ミューオン)●muon

1937年に宇宙線の中からC・アンダーソンが発見した粒子で、当初湯川秀樹の予言した中間子かと思われたが、後にそれは誤りで、レプトンの一種であることがわかった。パイ中間子が崩壊するとこの粒子になる。素粒子の標準モデルでは第2世代の荷電レプトンに分類される。

モノポール(磁気単極子)●magnetic monopolc

NまたはSの単極の磁荷のみをもつ仮想的な粒子。推定質量は10^{16}GeV（陽子の質量の10^{16}倍以上)。

陽子（プロトン）● proton

もっとも安定なバリオンで、中性子とともに原子核を構成する。電荷は＋１、質量は938.2MeV。

素粒子物理の大統一理論は陽子も有限の寿命をもつ（＝崩壊する）と予言したが、これまでの実験で陽子崩壊の証拠は見つかっていない。

陽電子 ● positron

電子の反粒子。正の電荷をもつほかは質量、半径、スピン、電荷の大きさなどすべてが電子に等しい。(→電子)

弱い力（弱い相互作用）● weak nuclear force (weak interaction)

ウィークボソンが媒介する力。弱い力は、原子核のベータ崩壊の際に中性子が陽子に変わり、その際電子と反電子ニュートリノを放出する現象として現れる。これをクォークのレベルで見ると、１個のクォークが別のクォークに変わる、すなわちクォークのフレーバー（香り）が変化する現象である。弱い力はレプトンの崩壊反応や粒子の捕獲反応にも関与する。

４つの力の中で到達距離がもっとも短く（10のマイナス16乗センチメートル)、力の強さも電磁気力や強い力に比べて著しく弱い。弱い相互作用の前後ではパリティが保存されないのが特徴。

粒子加速器 ● accelerator

陽子や電子、原子核などの荷電粒子（電荷をもつ粒子）を電磁場を用いて高速に加速する装置。円形のサイクロトロンやシンクロトロン、直線状のライナックなどがある。加速器で加速した荷電粒子どうしを衝突させたり、荷電粒子を標的に当てるなどして物理現象を調べる。

量子色力学●quantum chromodynamics (QCD)

クォーク間にはたらく強い力を量子力学の枠組みで記述したもの。クォーク間力は色荷の間ではたらくと考える。

量子力学●quantum mechanics

微小な世界の現象を扱う物理学。原子や陽子、電子などの粒子はエネルギー、スピン（角運動量）、電荷などが量子化（とびとびの固有の数値をとる）されていることからこの名がある。

レップ(LEP)●
Large Electron Positron Collider（大型電子-陽電子衝突型加速器）

セルンの電子-陽電子衝突型の加速器。1989～2000年まで稼働し、最大2000億電子ボルトのエネルギーを生み出した。

レプトン●lepton

基本粒子のうち電磁相互作用と弱い相互作用しか起こさない粒子の総称。軽粒子ともいう。電子と電子ニュートリノ、ミュー粒子とミューニュートリノ、タウ粒子とタウニュートリノの３組、６種類がある。これらをクォークの世代と対応させて、質量の小さな組から第１世代、第２世代、第３世代と呼ぶ。

索 引

か行

な行

は行

ま行

や行

ら・わ行

著者紹介

新海裕美子 *Yumiko Shinkai*

東北大学大学院理学研究科（放射化学）修了。1990年より矢沢サイエンスオフィス・スタッフ。科学の全分野とりわけ医学関連の調査・取材と執筆・翻訳のほか全記事の科学的誤謬をチェックする。共著に『正しく知る放射能』『決定版がんのすべてがわかる本』『家族がガンになったときすぐに知りたいQ＆A』『よくわかる再生可能エネルギー』『放射線・放射能の問題』（学研マーケティング）、『薬は体に何をするか』『自然界をゆるがす「臨界点」の謎』『ノーベル賞の科学』物理学賞編、生理学医学賞編、化学賞編（技術評論社）、『始まりの科学』『次元とはなにか』（ソフトバンククリエイティブ）、『これ一冊でiPS細胞のすべてがわかる』（青春出版社）など。本書ではパート4、ビジュアルページ解説、用語解説などを執筆。

矢沢 潔 *Kiyoshi Yazawa*

科学雑誌編集長などを経て1982年より科学情報グループ矢沢サイエンスオフィス（㈱矢沢事務所）代表。内外の科学者・研究者、科学ジャーナリスト、編集者などをネットワーク化し30年あまりにわたり自然科学、医学（人間と動物）、エネルギー、経済学、科学哲学などに関する情報執筆活動を続ける。編著書は数十～100冊（記憶不確か）。本書ではパート1、パート2、パート5などを執筆。

● **著者**

矢沢サイエンスオフィス（株式会社矢沢事務所）

新海裕美子（Yumiko Shinkai）、矢沢 潔（Kiyoshi Yazawa）

● **編集・制作**

矢沢サイエンスオフィス

1982年設立の科学情報グループ。代表は矢沢潔。これまでの出版物に「最新科学論シリーズ」37冊、世界の多数のノーベル賞学者などへのインタビュー集『知の巨人』『経済学はいかにして作られたか？』、がんや糖尿病、脳の病気など一般向け医学解説書シリーズ、動物医学解説書シリーズ、『よくわかる再生可能エネルギー』『正しく知る放射能』『放射線・放射能の問題』（いずれも学研マーケティング）、『巨大プロジェクト』（講談社）、『始まりの科学』『次元とはなにか』（ソフトバンククリエイティブ）、『薬は体に何をするか』『地球温暖化は本当か？』『原子力ルネサンス』『NASAから毎日届く驚異の宇宙ナマ情報』『（同）驚異の地球ナマ情報』『ノーベル賞の科学』（全4巻。技術評論社） などがある。

ヒッグス粒子と素粒子の世界

2013年 5月25日　第1版　第1刷発行

著　者　矢沢サイエンスオフィス
発行者　片岡　巌
発行所　株式会社技術評論社
東京都新宿区市谷左内町 21-13
電話　03-3513-6150　販売促進部
03-3267-2270　書籍編集部
印刷／製本　株式会社加藤文明社

定価はカバーに表示してあります

ISBN978-4-7741-5570-8　C0042
Printed in Japan

● 装丁
竹内事務所（竹内雄二）
● 本文イラスト・作図
細江道義、十里木トラリ、高美恵子
● 本文レイアウト・DTP制作
Crazy Arrows（曽根早苗）